Akinmadeyemi Joseph Olofintoye

Trabalho de investigação em colaboração entre o NSDC e o USRI sobre a cana-de-açúcar - Relatório

Akinmadeyemi Joseph Olofintoye

Trabalho de investigação em colaboração entre o NSDC e o USRI sobre a cana-de-açúcar - Relatório

Imprint
Any brand names and product names mentioned in this book are subject to trademark, brand or patent protection and are trademarks or registered trademarks of their respective holders. The use of brand names, product names, common names, trade names, product descriptions etc. even without a particular marking in this work is in no way to be construed to mean that such names may be regarded as unrestricted in respect of trademark and brand protection legislation and could thus be used by anyone.

Cover image: www.ingimage.com

This book is a translation from the original published under ISBN 978-620-2-05426-3.

Publisher:
Sciencia Scripts
is a trademark of
Dodo Books Indian Ocean Ltd. and OmniScriptum S.R.L publishing group

120 High Road, East Finchley, London, N2 9ED, United Kingdom
Str. Armeneasca 28/1, office 1, Chisinau MD-2012, Republic of Moldova, Europe
Printed at: see last page
ISBN: 978-620-7-66860-1

SOBRE O CONSELHO NACIONAL DE DESENVOLVIMENTO DO AÇÚCAR (NSDC)

O Conselho Nacional para o Desenvolvimento do Açúcar é uma entidade para-estatal do Ministério Federal da Indústria, criada pelo decreto 88 de 1993, para promover o desenvolvimento do subsector do açúcar nigeriano, a **fim de reduzir a dependência da nação** em relação ao açúcar importado e assegurar a autossuficiência nacional neste **produto. O mandato do conselho** inclui: a formulação de um programa de política eficaz para o desenvolvimento das explorações açucareiras; a organização de esquemas de produtores de cana-de-açúcar e de cooperativas para aumentar a produção local de açúcar. Algumas das estratégias adoptadas pelo conselho para atingir estes objectivos incluem

- Incentivar a investigação para o desenvolvimento de novas variedades melhoradas de cana-de-açúcar e de tecnologias de transformação da cana a preços acessíveis aos produtores de cana;
- Patrocínio de um programa de investigação em colaboração com institutos de investigação sobre as necessidades de investigação das actuais explorações de cana-de-açúcar;
- Reabilitação e expansão das actuais fábricas de açúcar;
- Promoção do desenvolvimento privado de médias e mini-usinas de açúcar em locais identificados e comunidades produtoras de cana-de-açúcar;
- Incentivar o desenvolvimento de regimes de cultura extensiva de cana-de-açúcar industrial nas aldeias em torno das explorações de cana-de-açúcar existentes e potenciais e entre os agricultores de cana-de-açúcar mastigável, a fim de fornecer matérias-primas de cana-de-açúcar às fábricas de açúcar.

Na prossecução dos seus objectivos, o Conselho tem, desde a sua criação, prestado assistência de diversas formas aos seus beneficiários-alvo, que incluem propriedades de cana-de-açúcar, pequenos e grandes agricultores de cana-de-açúcar e investidores na indústria do açúcar. As realizações do Conselho até à data incluem

- Concessão de empréstimos em condições favoráveis para projectos de capital das explorações açucareiras existentes;
- Patrocínio de um programa de investigação em colaboração com o Unilorin Sugar Research Institute (USRI) e o National Cereals Research Institute (NCRI) sobre as necessidades de investigação das actuais explorações de cana-de-açúcar;
- Desenvolvimento das infra-estruturas das explorações açucareiras e das zonas de produção de açúcar, por exemplo, o Conselho já tinha efectuado a reabilitação e a expansão das fábricas de açúcar da Bacita e de Numas;
- Seguro agrícola com a Nigerian Agricultural Insurance Company;
- Mecanismo de apoio à comercialização e aos preços da cana-de-açúcar e dos produtores de açúcar;
- Facilidades de crédito de garantia para todas as operações agrícolas e factores de produção de cana-de-açúcar;
- Assistência ao desenvolvimento de competências no domínio da produção e transformação da cana-de-açúcar.

Para mais informações, contactar:

Secretário Executivo do Conselho Nacional de Desenvolvimento do Açúcar,

PMB 299, Garki, Abuja, Nigéria.

SOBRE O INSTITUTO DE INVESTIGAÇÃO DO AÇÚCAR DE UNILORIN (USRI)

Considerando o grave défice entre a produção e o consumo de açúcar na Nigéria e o facto de a Universidade de Ilorin estar localizada perto da fábrica da Premier Sugar em Bacita, juntamente com a procura de montar um programa relevante para as necessidades das suas áreas de influência, o conselho da Universidade de Ilorin, orientado pela Lei que criou a Universidade, e em consulta com a Comissão Universitária Nacional (NUC), aprovou formalmente a criação do Instituto de Investigação do Açúcar da Unilorin (USRI) em 1980:

- Realização de investigação sobre os problemas ligados à cultura da cana-de-açúcar, à transformação e à utilização dos subprodutos;
- Divulgação dos resultados obtidos com estes estudos junto das empresas açucareiras e de outros organismos competentes, tanto no interior como no exterior do país; - Ensino de disciplinas conexas a estudantes de licenciatura, pós-graduados e trabalhadores das fábricas/propriedades açucareiras;
- Prestação de serviços de consultoria para todos os interessados no cultivo, processamento e utilização da cana-de-açúcar.

As actividades de investigação do Instituto são levadas a cabo por um núcleo de pessoal académico a tempo inteiro, proveniente de diferentes departamentos e unidades da universidade e conhecido como Associados de Investigação. Esta disposição reforçou a base de recursos académicos do Instituto, tanto em termos numéricos como em áreas de competência de investigação.

Na prossecução dos seus objectivos, o Instituto tem mantido contactos formais e informais com propriedades de cana-de-açúcar, agricultores de cana-de-açúcar de grande e pequena escala, investidores na indústria do açúcar, outras instituições, como o Conselho Nacional de Desenvolvimento do Açúcar e o Conselho de Investigação e Desenvolvimento de Matérias-Primas. O instituto também colabora com cientistas de outros institutos de investigação agrícola dentro e fora da Nigéria. Através destes contactos, o Instituto deu contributos notáveis para a resolução dos problemas agrícolas da produção de cana-de-açúcar na Nigéria e fez também progressos modestos nas áreas da criação de cana-de-açúcar e do melhoramento de variedades. O Instituto deu também contributos úteis para a formulação da política nacional do açúcar. Um grande **número de trabalhadores do sector da cana-de-açúcar beneficiou do programa de formação do Instituto.**

Para mais informações, contactar:

O Diretor, Instituto de Investigação do Açúcar Unilorin, Universidade de Ilorin.

© 2017 Professor OLOFINTOYE, Akinmadeyemi Joseph

ÍNDICE DE CONTEÚDOS:

PARTICIPANTES NO PROGRAMA

Os cientistas e o pessoal técnico abaixo indicados participaram no programa de investigação, destacado no presente relatório.

A. Cientistas investigadores

    Prof. J. A. OGUNWALE Pedólogo (chefe de equipa)

    Dr. S. S. AFOLABI (já falecido) Nutricionista de plantas

    Dr. (Sra.) M.O. ADULOJU Perito em fertilidade dos solos

    Sr. J. O. OLANIYAN Cientista dos solos

    Prof. R. O. FADAYOMI Cientista de ervas daninhas (Conselheiro da equipa)

    Prof. J. A. OLOFINTOYE Agrónomo (Diretor e coordenador do USRI)

B. Pessoal técnico

    Sr. J. O. ABOGUNRIN Tecnólogo-Chefe

    Sr. Akin. ADEBOY E Tecnólogo de laboratório

AGRADECIMENTOS

A execução dos projectos de investigação apresentados no relatório foi possível graças aos fundos disponibilizados pelo Conselho Nacional de Desenvolvimento do Açúcar (NSDC), pelo que o Instituto de Investigação do Açúcar da Unilorin deseja expressar a sua profunda gratidão ao Secretário Executivo do Conselho pelo patrocínio. Os nossos sinceros agradecimentos vão para o Vice-Reitor da Universidade de Ilorin, para o Conselho de Administração do Instituto e para o Diretor da Faculdade de Agricultura pelo seu apoio incondicional ao programa. Os meus agradecimentos vão também para o Diretor Executivo da Nigerian Sugar Company Bacita, Sunti e Lafiagi Sugar companies pelo encorajamento que deram e por facilitarem, de uma forma ou de outra, a execução dos projectos nas suas propriedades. Gostaria de expressar o meu sincero apreço por todos os investigadores e pessoal técnico do Instituto envolvidos no trabalho pelo apoio dado ao programa. Gostaria de agradecer aos Departamentos de Geologia e Bioquímica e à Faculdade de Agricultura da Universidade de Ilorin por terem disponibilizado os seus laboratórios para nossa utilização. O projeto informático e a dactilografia final deste relatório foram feitos pela Secretária do USRI (Sra. S. A. Jatto)

Em conclusão, gostaria de agradecer a todos os membros do USRI pelas suas contribuições individuais e colectivas para o sucesso global das actividades de investigação do programa.

Professor J.A. OLOFINTOYE.

(Diretor do USRI e coordenador do programa)

CAPÍTULO 1

1.1 INTRODUÇÃO

Uma das estratégias adoptadas pelo Conselho Nacional para o Desenvolvimento do Açúcar (NSDC) para atingir o seu objetivo de garantir a autossuficiência nacional na produção de açúcar é o financiamento de um programa de investigação em colaboração com institutos de investigação sobre as necessidades de investigação das explorações de cana-de-açúcar existentes na Nigéria. Em 1996, o Conselho convidou o Unilorin Sugar Research Institute (USRI) a preparar propostas de investigação destinadas a resolver alguns problemas identificados na indústria açucareira nigeriana, nomeadamente no que se refere às actuais explorações de cana-de-açúcar.

Quatro (4) propostas foram preparadas e enviadas ao Conselho em 1997. Duas destas propostas de investigação foram aprovadas em fevereiro de 1999 pelo Conselho para serem executadas pelo Instituto nas explorações de cana-de-açúcar de Bacita, Sunti e Lafiagi. Em abril de 1999, foi assinado um memorando de entendimento sobre a execução dos projectos entre o Conselho e o Instituto, mas o trabalho de campo só teve início em 2001. Apresentam-se em seguida informações relevantes sobre estes dois projectos de investigação aprovados no âmbito do programa:

Projeto I

Table 1: **Fundos aprovados para o projeto I**

Project Title: Characterization of the non-productive soil of the Bacita Sugarcane Estate.			
Duration: Three (3) years			
Location : Bacita			
Fund approved :			
Year 1	Year 2	Year 3	Total
₦525,000.00	₦ 360,000.00	₦ 375,000.00	₦ 1,260,000.00

Projeto II

Table 2: **Fundos aprovados para o projeto II**

Project Title: Survey and classification of soil of the Sunti and Lafiagi sugarcane fields.			
Duration: Three (3) years			
Location: Sunti and Lafiagi Sugar Estates			
Fund approved :			
Year 1	Year 2	Year 3	Total
₦695,000.00	₦ 316,000.00	₦ 316,000.00	₦ 1,327,000.00

Cada projeto deverá estender-se por um período de três anos, sendo o primeiro ano destinado a investigações sobre o solo nas três propriedades açucareiras, o segundo e o terceiro ano destinados a experiências de campo com cana-de-açúcar nas propriedades, com base na informação recolhida nas investigações do solo, para recomendações significativas sobre práticas de produção com vista a aumentar a produtividade dos solos. O trabalho de investigação para o primeiro ano acabou de ser concluído e o relatório final é apresentado neste artigo

CAPÍTULO 2

1.2   OS PROJECTOS: **RESUMO DOS RESULTADOS DOS PROJECTOS**

Os solos brunos nos campos de cana-de-açúcar de Bacita foram amostrados para estudos de fertilidade e perfil. Os solos brunos foram claramente divididos em dois tipos (a) o solo extremamente arenoso e (b) o solo extremamente argiloso. A gestão dos solos arenosos reside na melhoria da estrutura através da introdução da utilização de adubos orgânicos, enquanto a utilização dos solos argilosos implica a melhoria da drenagem. As práticas adequadas de adubação e de drenagem são sugeridas no relatório no âmbito da gestão. Os solos brunos estudados não ocupam mais de 4,46% do total de 5.600 hectares de terra da Fazenda Bacita.

O solo do campo de cana-de-açúcar proposto na propriedade de cana-de-açúcar Sunti tem 68,0 hectares que são adequados para a produção de cana-de-açúcar, seguindo os critérios de Yates, (1977). Esta unidade de mapeamento adequada é a unidade 4 no mapa 2. As demais unidades de mapeamento são arenosas e podem apresentar problemas de drenagem excessiva e baixa retenção dos fertilizantes aplicados. Os detalhes também estão disponíveis no texto.

O campo de cana-de-açúcar de Lafiagi tem 257,5 hectares adequados para a plantação de cana-de-açúcar, o que constitui cerca de 51,5% do total de 500 hectares de terra inquiridos. As restantes terras são marginalmente adequadas ou inadequadas devido a problemas de textura dos solos (as unidades de mapeamento são apresentadas no mapa de solos de Lafiagi).

CAPÍTULO 3

1.3 PROJETO I: **CARACTERIZAÇÃO DO SOLO IMPRODUTIVO DA FAZENDA BACITA**

1.3.1   Antecedentes

A Nigerian Sugar Company Limited (NISUCO) foi criada pelo Governo Federal da Nigéria em 1964 e está localizada em Bacita, na região atualmente conhecida como Estado de Kwara.

A propriedade de cana-de-açúcar da NISUCO ocupa uma área de cerca de 5.600 hectares, dos quais cerca de 4.600 hectares eram cultivados com cana-de-açúcar no início das operações em 1966. No início da abertura da propriedade para a cana-de-açúcar, a limpeza da terra foi feita por bull-dozing, com a remoção da camada superior do solo.

Durante a preparação da terra antes da plantação e na colheita da cana-de-açúcar, é utilizado equipamento pesado de tração.

Esta tem sido a prática desde o início das operações da NISUCO na Bacita. Mais uma vez, entre 1964 e 1976, um período de cerca de doze anos, a utilização de fertilizante de sulfato de amónio era a prática.

A combinação de água e práticas de gestão de uso da terra mencionadas acima, ao longo dos últimos trinta e cinco anos em Bacita, levou a um problema de declínio da produção de cana-de-açúcar. O declínio na produção de cana de açúcar é, no entanto, restrito a alguns campos (agora rotulados,"solos brung") na Bacita.

O desejo de fazer com que a NISUCO se esforce por satisfazer, pelo menos, 30% das necessidades de açúcar da Nigéria levou o Conselho Nacional de Desenvolvimento do Açúcar (NSDC) a encarregar o Instituto de Investigação do Açúcar de Unilorin de analisar os problemas dos "solos de cultivo" em Bacita. Este relatório apresenta as características dos solos não produtivos (brung) das propriedades de cana-de-açúcar de Bacita, conforme descrito no acordo entre a NSDC e o Unilorin Sugar Research Institute, assinado em abril de 1999.

Os termos de referência incluem a amostragem de "solos brutos" representativos dos campos de cana-de-açúcar de Bacita para fins de caraterização para avaliações químicas, físicas e de fertilidade, culminando na elaboração de recomendações para melhorar a produção de cana-de-açúcar.

1.3.2   Ambiente Agro-climático da Área do Projeto

1.3.2.1   **Localização**

A propriedade de cana-de-açúcar de Bacita está situada na área governamental local de Edu do Estado de Kwara.

A cidade mais próxima da exploração de cana-de-açúcar é Bacita. A propriedade de cana-de-açúcar de Bacita é delimitada aproximadamente pelas latitudes 9 0 O'N e 9°1'2 "N e pelas longitudes 40 53' E e 5o 6' E (Figura 1).

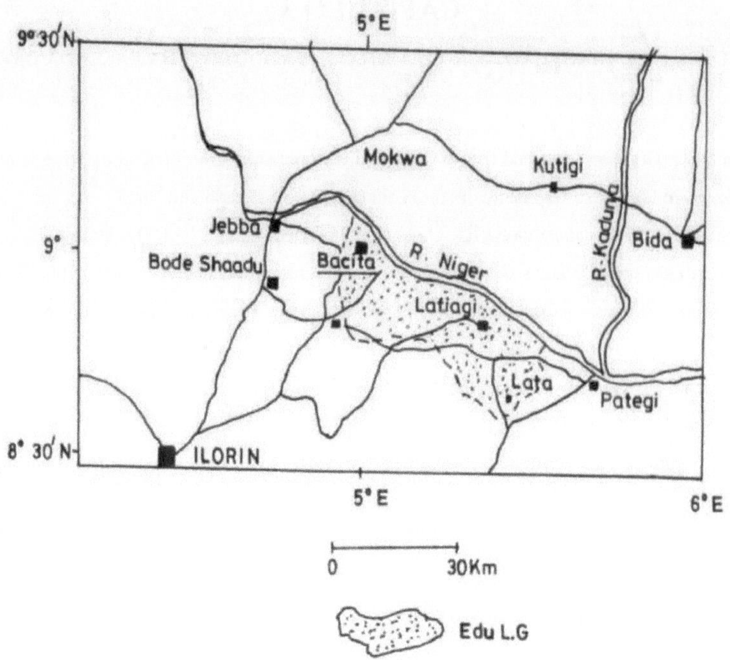

Figura 1: **Um mapa de localização de Bacita no Governo Local de Edu, Estado de Kwara**

1.3.1.1   Clima

O clima da zona da Bacita é tropical, com as principais características de estações húmidas e secas pronunciadas e temperaturas elevadas constantes. A Estação Meteorológica de NISUCO recolhe dados sobre a precipitação, as temperaturas mínimas e máximas, as temperaturas do solo a trinta (30) cm de profundidade, a evaporação, a humidade relativa, as horas de sol e a velocidade do vento. Os dados climáticos foram examinados de 1981 a 1990, um período de 10 anos.

1.3.1.2   Precipitação

A precipitação média anual, baseada em dados recolhidos durante 10 anos, é de 1110,8 mm. A precipitação total anual mínima durante o período foi de 862 mm em 1983, enquanto a precipitação total anual máxima foi de 1630 mm em 1990. Na zona da Bacita, as chuvas decorrem normalmente de forma constante de abril a meados de outubro.

O padrão habitual é de aguaceiros ocasionais em março, aumentando rapidamente de abril a julho, altura em que se regista um pico, seguido de uma ligeira descida em agosto e de um aumento acentuado em setembro (normalmente o pico mais elevado).

Depois disso, as chuvas diminuem muito rapidamente a partir de outubro, atingindo níveis nulos em novembro e dezembro. Por conseguinte, pode dizer-se que a estação das chuvas vai de meados de abril a meados de outubro, correspondendo a estação seca a meados de outubro a meados de abril num ano médio (**quadro 3**).

Tabela 3: **Precipitação mensal para Bacita (1981-1990) em mm**

Year	Jan	Feb	Mar	Apr	May	Jun	Jul	Aug	Sep	Oct	Nov	Dec	Total
1981	0	0	15	115	173	295	143	246	235	31	0	0	1233
1982	0	29	51	129	60	141	106	140	126	98	0	0	880
1983	0	0	0	17	255	112	89	83	305	1	0	0	862
1984	0	0	11	112	133	103	152	234	248	75	0	0	1068
1985	0	0	0	30	327	132	262	205	231	24	0	0	1211
1986	0	16	47	27	95	253	135	156	155	53	12	0	949
1987	0	0	33	8	70	91	239	250	195	90	0	0	976
1988	2	8	0	79	92	178	198	107	154	62	0	0	880
1989	0	0	30	163	146	220	330	233	156	158	0	0	1436
1990	0	16	0	215	197	172	439	245	232	90	0	7	1613
Average	0.2	6.9	18.7	89.5	154.8	169.7	209.3	189.9	203.7	68.2	1.2	0.7	1110.8

1.3.1.3   Temperaturas

Temperatura atmosférica

Os meses mais quentes do ano são fevereiro, março e abril, que coincidem, previsivelmente, com o pico da estação seca.

Por outro lado, os meses de junho, julho, agosto e setembro registam as temperaturas máximas mais baixas e coincidem com o pico da estação das chuvas.

Temperatura do solo

A temperatura do solo é uma das suas propriedades mais importantes. Dentro de limites, a temperatura controla as possibilidades de crescimento das plantas e de formação do solo.

Os processos biológicos no solo são controlados, em grande medida, pela temperatura e humidade do solo. Muitas plantas tropicais requerem uma temperatura do solo de cerca de 24° C para germinar (Soil Survey Staff, 1975).

A temperatura do solo afecta tanto a taxa de mineralização da matéria orgânica do solo como a fisiologia das culturas.

Por exemplo, a degradação de resíduos orgânicos é cerca de 2-4 vezes mais rápida nas regiões tropicais do que num clima temperado (Kowal e Knabe, 1972). A temperatura da terra de 30 cm para Bacita para o período 1981-1990 é favorável à produção da maioria das culturas arvenses durante todo o ano (**Quadro 4**).

1.3.1.4   Horas de sol

As horas de sol são mais elevadas de outubro a maio, com uma ligeira diminuição durante a estação das chuvas devido à nebulosidade. A média diária de horas de sol para o período é de 7,0 e varia de 4,3 em agosto a 8,7 em novembro (**Quadro 5**).

1.3.1.5   Humidade relativa

Os valores médios mensais da humidade relativa na Bacita para os anos de 1981 a 1990 são apresentados na Tabela 6.

A humidade aumenta com o aumento da intensidade da precipitação. É máxima em setembro e mínima em janeiro e fevereiro no período de dez anos. Pode dizer-se que o clima é húmido durante todo o ano (**Quadro 6**).

Tabela 4: Temperatura mensal terrestre (30 cm de profundidade) para Bacita em °C (1981-1990)

Year	Jan	Feb	Mar	Apr	May	Jun	Jul	Aug	Sep	Oct	Nov	Dec	Mean
1981	27.9	30.6	34.5	33.1	30.3	29.8	28.6	28.7	28.8	29.7	29.3	28.2	29.9
1982	28.7	29.4	32.3	33.3	31.5	29.9	28.8	28.5	28.5	28.8	29.2	27.9	29.7
1983	27.0	31.7	33.9	32.1	33.3	30.6	29.0	30.5	28.8	28.2	31.1	30.6	30.6
1984	28.3	30.8	35.0	34.5	31.0	30.8	29.3	29.2	28.6	28.9	29.0	29.7	30.3
1985	29.6	30.1	34.0	34.4	31.1	28.9	28.6	29.4	28.4	28.6	29.3	28.4	30.1
1986	28.3	32.0	33.2	34.9	31.9	29.7	28.6	29.1	29.2	29.4	28.0	26.9	29.9
1987	28.1	32.1	33.7	34.7	35.7	31.1	30.9	29.4	28.6	29.5	28.9	28.5	31.0
1988	28.0	30.8	34.8	34.6	32.8	30.4	29.2	28.4	28.9	29.8	30.9	29.9	30.7
1989	27.6	30.0	33.2	33.3	30.9	30.5	28.6	28.4	28.6	29.0	29.4	28.0	29.8
1990	29.4	30.7	32.5	33.3	30.9	30.1	28.4	28.4	29.0	29.4	30.1	30.9	30.2

Tabela **5: Horas de sol Bacita (1981-1990)**

Year	Jan	Feb	Mar	Apr	May	Jun	Jul	Aug	Sep	Oct	Nov	Dec	Mean
1981	7.6	7.5	6.3	9.0	8.3	7.3	6.8	5.2	6.5	8.5	7.6	7.9	7.4
1982	8.4	6.8	7.5	7.7	7.8	6.4	5.3	4.5	5.9	7.6	8.0	5.3	6.8
1983	5.5	8.4	7.1	7.3	8.2	6.9	6.1	4.3	6.6	6.5	5.6	8.0	6.7
1984	7.1	6.8	7.3	6.5	7.4	6.6	6.1	6.4	6.1	6.7	7.2	6.5	6.7
1985	7.1	7.2	6.3	6.4	7.2	7.2	5.8	6.6	5.5	7.7	8.7	7.5	6.9
1986	7.2	8.4	6.8	8.0	7.7	7.5	5.5	5.8	5.1	7.6	7.6	-	7.0
1987	-	-	7.0	8.6	-	-	-	-	6.6	7.3	-	-	7.4
1988	-	-	6.0	6.0	-	-	-	-	5.2	7.4	-	7.4	6.4
1989	-	-	-	8.0	-	-	6.5	-	-	-	-	-	7.3
1990	8.2	7.8	7.2	8.0	7.9	7.2	5.5	-	-	-	-	-	7.4

Tabela 6: **Percentagem mensal de Humidade Relativa (1300GMT) na Bacita (1981-1990)**

Year	Jan	Feb	Mar	Apr	May	Jun	Jul	Aug	Sep	Oct	Nov	Dec	Mean
1981	38	47	56	63	77	79	81	83	79	73	49	57	65
1982	41	46	59	67	74	79	79	77	79	77	80	56	68
1983	28	47	36	61	69	80	76	81	74	69	81	64	64
1984	49	40	60	64	73	79	76	80	78	76	65	48	62
1985	50	40	66	66	71	79	79	82	84	74	69	46	67
1986	46	65	71	67	69	79	78	78	82	73	72	47	69
1987	49	56	56	61	61	73	77	80	80	74	70	52	66
1988	52	50	62	63	70	78	78	77	80	73	64	51	67
1989	24	27	61	66	74	79	81	81	86	78	65	52	64
1990	50	39	40	66	75	77	82	81	78	73	71	66	67

1.3.1.6 Evaporação

Os valores mais baixos de evaporação foram registados nos meses de junho a outubro, os valores médios foram registados nos meses de novembro a janeiro, enquanto os valores mais altos foram registados nos meses de fevereiro, março, abril e maio (**Tabela 7**).

O histograma umbrotérmico para a Bacita (**Figura 2**) mostra que os meses de junho a outubro constituem o período do ano em que é provável que a precipitação exceda a evapo-transpiração.

1.3.1.7 Velocidade do vento

Os dados da velocidade do vento para a Bacita indicam que os meses de março a junho registam valores de velocidade do vento superiores a 75 km/dia, enquanto os meses de julho a fevereiro registam valores de velocidade do vento inferiores a 70 km/dia (**Tabela 8**).

Os campos de cana-de-açúcar da Bacita estão a salvo dos riscos de erosão eólica durante as estações chuvosas, uma vez que os meses de maio a outubro registam menos de 100 km/dia de velocidade do vento e os meses da estação seca registam menos de 150 km/dia de velocidade do vento.

Sabe-se que velocidades do vento superiores a 480 km/dia causam erosão eólica, especialmente quando o solo é arenoso e seco e com pouca vegetação (Skidmore e Woodruff, 1968).

1.3.3 Geologia/geomorfologia

A herdade de cana-de-açúcar de Bacita situa-se na extensão sul do embaiamento do rio Níger, onde o arenito Nupe é a formação predominante.

A formação Nupe consiste em arenitos argilosos acinzentados a amarelos claros, pouco consolidados, com intercalação de argila acinzentada.

Sabe-se que os arenitos foram afectados estruturalmente por movimentos passados dentro da bacia, da orogenia Santoniana do Sudeste da Nigéria e do vale do Benue, resultando em deformações e fracturas a uma escala regional.

A bacia média do **Níger**, na qual se insere o arenito Nupe, é preenchida por fácies de molassos orogénicos do passado e alguns estratos marinhos finos que estão desdobrados (Adelelye, 1974).

Os arenitos são finos, de grão médio a grosseiro, por vezes com seixos ou conglomeráticos. São ferruginosos na parte superior e ligados por material argiloso na parte inferior.

Assim, a secção superior do arenito é dura e compacta, enquanto a secção inferior é pouco consolidada e por vezes friável.

Os arenitos são mal seleccionados e consistem em grãos de areia arredondados a sub-arredondados de todos os tamanhos. Os planos de acamamento são muito distintos (**Figura 3**).

***Tabela* 7: Evaporação média mensal (mm) na Bacita (1981-1990)**

Year	Jan	Feb	Mar	Apr	May	Jun	Jul	Aug	Sep	Oct	Nov	Dec
1981	5.8	8.2	9.6	8.6	5.8	5.3	4.5	4.4	4.8	5.6	6.0	5.6
1982	6.5	7.6	8.5	8.3	6.5	5.7	5.3	4.4	4.7	4.5	4.6	5.2
1983	6.4	8.1	8.6	9.7	8.0	5.9	4.8	4.3	4.5	5.2	6.1	5.6
1984	6.0	8.3	9.0	9.3	6.1	5.3	4.6	4..8	4.3	4.5	5.1	4.7
1985	6.1	7.5	8.3	8.6	6.3	4.7	4.3	4.1	4.2	4.9	5.6	6.7
1986	5.4	7.1	7.5	-	6.4	5.8	4.7	4.7	3.9	5.2	5.1	4.7
1987	5.5	7.6	8.8	9.4	8.9	5.4	4.7	4.7	4.4	4.6	5.4	5.2
1988	5.0	7.8	9.6	8.3	5.9	4.4	4.9	3.9	4.4	5.6	6.0	5.6
1989	6.0	7.9	7.8	8.5	5.9	4.8	4.8	4.5	4.2	4.7	5.9	5.1
1990	5.4	7.0	9.6	7.8	5.6	5.7	4.2	4.3	4.3	5.3	5.9	5.7
Monthly Mean	5.8	7.7	8.7	8.7	6.5	5.3	4.7	4.4	4.4	5.0	5.6	5.4

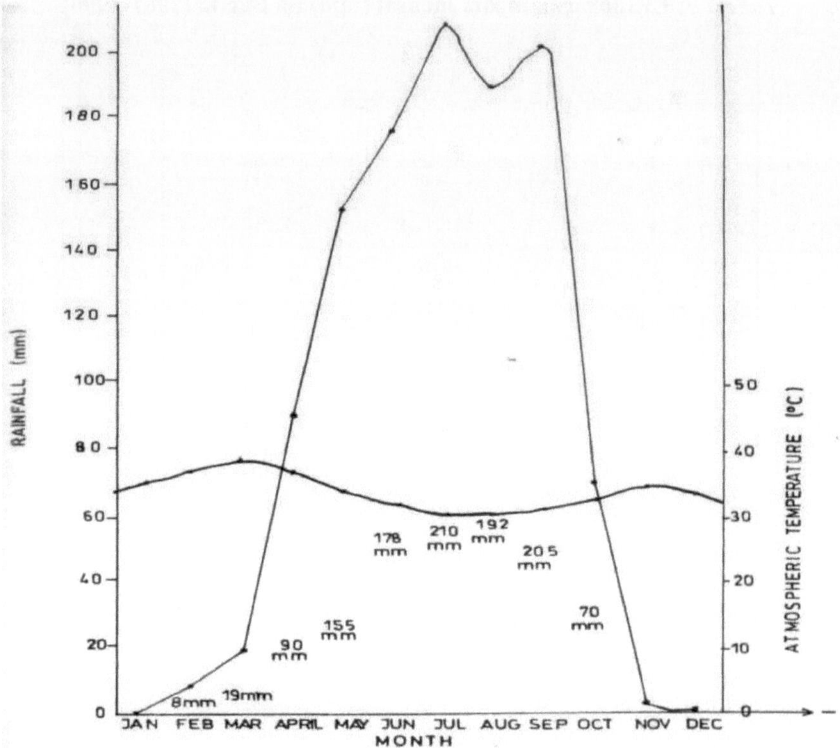

Figura 2: Histograma Umbrotérmico para a zona da Bacita 1981-1990

Tabela 8: **Média mensal do vento na Bacita em km/dia (1981-1990)**

Year	Jan	Feb	Mar	Apr	May	Jun	Jul	Aug	Sep	Oct	Nov	Dec
1981	29.4	80.0	119.1	148.6	88.3	80.1	79.7	60.5	60.1	43.0	41.9	39.6
1982	56.0	79.4	95.6	175.5	48.4	97.8	67.6	83.1	54.6	53.3	39.2	44.5
1983	59.1	81.0	86.9	142.9	134.0	72.8	79.9	87.9	50.1	38.2	50.2	52.4
1984	44.0	72.0	147.4	150.1	96.6	82.9	66.3	62.6	50.8	36.3	35.6	32.4
1985	72.5	52.9	114.6	98.4	110.9	69.3	54.6	38.3	30.7	26.1	38.9	34.9
1986	31.5	71.6	105.8	119.2	90.6	69.4	59.2	47.5	31.2	28.9	26.6	30.6
1987	40.9	62.6	100.9	84.9	124.9	73.2	52.7	39.4	35.1	23.3	39.1	22.2
1988	24.3	26.8	54.8	32.3	18.9	64.1	79.1	72.6	51.2	53.4	52.5	41.4
1989	43.0	58.4	93.8	-	-	-	-	-	-	-	34.8	34.3
1990	40.8	39.7	69.9	128.2	81.7	71.8	67.5	52.0	42.8	44.8	44.1	55.2
Monthly Mean	44.2	62.4	98.7	114.5	88.3	75.7	67.5	60.4	45.2	38.6	40.3	38.8

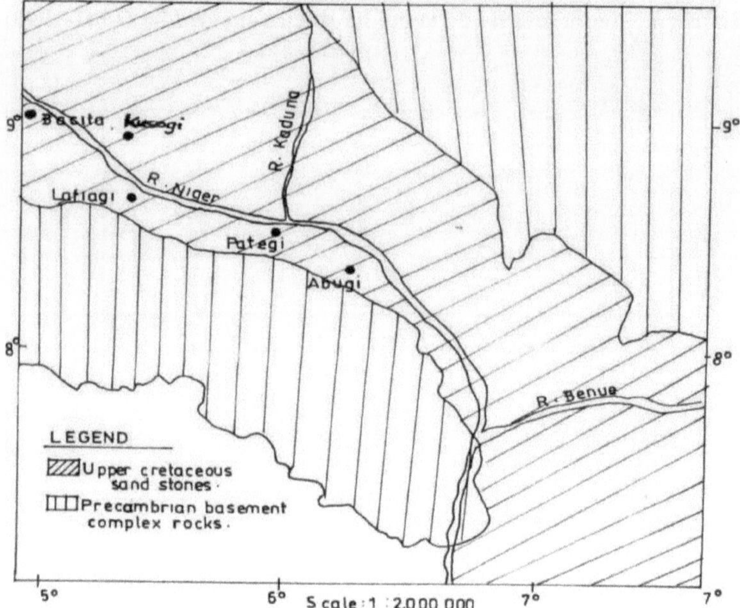

Figura 3: **Mapa geológico do local do projeto**

Fonte: Mapa Geológico da Nigéria, Ministério Federal das Minas e Energia 1974

1.3.4 Vegetação

A Bacita insere-se na zona de Savana do Sul da Guiné, onde a vegetação consiste principalmente em árvores dispersas de casca grossa até cerca de 6 metros de altura com ervas altas de cerca de 1,5 a 2,5 metros. As árvores dominantes na área incluem: Vitelaria paradoxii (árvore da manteiga), Daniella Oliveri, Parkia biglobosa, Prosopsis Africana, Lophira lanceolata e Temipalia glaucescens. Os arbustos dominantes na zona incluem Ficus vogalii, Burkea africana, Albezia lebek, Parinari polyandra, Annona senegalensis, Phyllantus dicoides e Chockklospermum gossypium, enquanto as gramíneas dominantes incluem Andropogon gayanus, Brachiara deflexa, Rottboellia cochinchinensis, Pennisetum pupurreum, Panicum maximum e Cynodon dactylon. As ervas daninhas herbáceas na zona da Bacita que merecem ser mencionadas são a Chromolaena odorata e as espécies de Commelina, porque ambas são conhecidas por serem ervas daninhas detestáveis que reduzem o rendimento das culturas e são difíceis de controlar. A vegetação nativa tem sido largamente afetada pela queima anual, quase ritual, de arbustos e pelo abate de árvores para fins de combustível pela população local. A vegetação é ainda mais modificada pelas práticas de cultivo disperso.

1.3.5 Utilização do solo

O Engenho da Bacita tem sido cultivado com cana-de-açúcar de várias cultivares. No entanto, a terra fora dos campos de cana-de-açúcar é cultivada pelo pessoal da NISUCO. Nas áreas cultivadas, a mandioca (Manihot spp.), o milho (Zea mays), o amendoim e o melão são as principais culturas produzidas em grande escala. A produção de arroz de várzea é predominante nos vales e nas encostas dos dedos dos pés.

A produção pecuária é complexa na zona da Bacita. Foram observadas cabras, galinhas e patos na povoação de Bacita. O gado observado era criado por pastores Fulani, cujas povoações se concentravam nas planícies aluviais do subúrbio da Bacita. O Zebu com chifres de lira (tipo de gado Fulani branco) era o mais comum entre os Fulani. As ovelhas, que se juntavam ao gado, são do tipo Yankasa de cauda fina, mantidas pelos pastores Fulani.

1.3.6   Metodologia

A metodologia utilizada para o projeto na Herdade da Bacita foi dividida em duas, a saber: o trabalho de campo e as análises laboratoriais.

1.3.6.1   O trabalho de campo.

O trabalho de campo começou no dia 8th de janeiro de 2001, com a Autoridade do NISUCO a facilitar a deslocação no terreno. Os trabalhos terminaram no dia 16th de janeiro de 2001.

1.3.6.1.1   Amostragem do solo para avaliação da fertilidade

Os "solos de base" que tinham sido identificados pelo NISUCO foram amostrados para avaliação da fertilidade. As amostras de solo, de três camadas (0-15, 15-30 e 30-45) cm de cada campo, foram recolhidas e guardadas em sacos de pano etiquetados. As amostras recolhidas nos campos N20A, N24A, C15, C6, N19, N15, W42 e W49 basearam-se na uniformidade das subsecções de cada campo após o reconhecimento de cada campo. As amostras de solo de cada mini-poço para avaliação da fertilidade foram primeiro descritas morfologicamente antes da recolha das amostras.

1.3.6.1.2   Perfis do solo

Foram identificados dois grupos de solos problemáticos em resultado das observações efectuadas nas amostras de fertilidade acima referidas. Estes dois grupos são:

(i)   Os solos que são extremamente arenosos desde a superfície até aos horizontes subsuperficiais, e

(ii)   Os solos que são extremamente argilosos desde a superfície até aos horizontes subsuperficiais.

Foram afundados quatro perfis de solo, dois representando os campos extremamente arenosos e os restantes dois representando os campos extremamente argilosos. Cada perfil de solo foi descrito de acordo com as directrizes da FAO (FAO, 1965). Foram recolhidas amostras de solo dos horizontes genéricos de cada perfil. Além disso, foram colhidas amostras de cada horizonte para determinação da densidade aparente. [A DESCRIÇÃO DOS PERFIS DO SOLO DE BACITA É APRESENTADA NO APÊNDICE 1].

1.3.6.2   Trabalhos de laboratório

1.3.6.2.1   Processamento do solo:

As cento e dez amostras de fertilidade do solo recolhidas nos oito campos acima referidos e os solos recolhidos nos diferentes horizontes genéricos dos quatro perfis de solo foram secos ao ar durante três a doze dias (12 dias para as amostras extremamente argilosas e húmidas). As amostras de solo foram trituradas e peneiradas num peneiro de 2 mm e armazenadas em recipientes rotulados. As amostras utilizadas para a determinação do carbono orgânico foram objeto de uma subamostragem separada e posteriormente trituradas até atingirem uma textura fina, passando por peneiras de 60 mesh.

1.3.6.2.2 Caracterização física das amostras de solo

1.3.6.2.2.1 Amostras de solo de fertilidade:

As amostras de fertilidade do solo foram analisadas quanto ao tamanho das partículas pelo método do hidrómetro de Buoyoucos (1962). Não houve amostragem de densidade aparente para a avaliação da fertilidade. O silte e a argila foram determinados por decantação e adição de água.

1.3.6.2.2.2 Amostras de perfil:

As amostras de perfil foram analisadas quanto às dimensões das partículas, tal como as amostras de solo de fertilidade. A densidade aparente foi obtida através da secagem das amostras do núcleo na estufa a 105° C durante três dias. As amostras foram arrefecidas num exsicador e pesadas para obter o peso seco do anel do núcleo e do solo (x g). O anel foi devidamente limpo e pesado separadamente (y g). O peso das amostras do núcleo secas em estufa foi obtido a partir da diferença entre x e y. O volume do anel foi calculado utilizando a fórmula $v = \text{II}(D/2)^2 h$, e $x\text{-}y/\text{II} (D/2)^2 h$, ou seja, o peso seco em estufa da amostra do núcleo de solo dividido pelo volume da amostra do núcleo de solo. O D na fórmula acima é o diâmetro interno do anel do núcleo, enquanto h é a altura do anel, os dois parâmetros medidos em centímetros

1.3.6.2.3 Caracterização química de amostras de solo:

1.3.6.2.3.1 Amostras de perfis

As amostras de solo dos horizontes genéricos foram analisadas quimicamente quanto ao pH em água (1:1), acidez total, bases trocáveis (Ca, Mg, K, Na), carbono orgânico, fósforo disponível e azoto total. Segue-se uma descrição dos métodos utilizados para as diferentes análises:

A.　**pH**: O pH foi determinado no laboratório utilizando o medidor de pH EIL Modelo 720. O pH foi determinado mergulhando o elétrodo numa suspensão 1:1 de água do solo que tinha sido agitada e deixada em equilíbrio durante pelo menos 1 hora, sendo depois agitada imediatamente antes da determinação.

B.　**Acidez total**: Uma amostra representativa de 10 g de solo foi pesada num frasco agitador de 150 ml. Foram adicionados 100 ml de solução 1M de KCL ao solo no frasco agitador e o frasco foi agitado durante 1 hora numa máquina de agitação de ponta a ponta e deixado a repousar durante a noite. O conteúdo da garrafa agitadora foi filtrado através de papel de filtro Whatman n.º 42 para outra garrafa agitadora de 150 ml. Pipetou-se uma alíquota de 20 ml do filtrado para um erlenmeyer de 100 ml, que foi titulado com NaoH 0,01 M utilizando fenolftaleína como indicador. Considerou-se como ponto final uma coloração rosa permanente que persistiu durante um minuto.

C.　**Catiões básicos permutáveis**: Dez gramas de amostras representativas de solo foram agitadas num frasco agitador de 150 ml de capacidade com 100 ml de solução de acetato de amónio neutro 1N durante 1 hora e o conteúdo do frasco foi deixado a equilibrar durante a noite. O conteúdo do frasco agitador foi filtrado através de papel de filtro Whatman n.º 42 para outro frasco agitador. O filtrado foi utilizado para a determinação do cálcio e do magnésio pelo método de titulação versenato, utilizando Eriochrome Black - T como indicador para a determinação de Ca^{2+} e Mg^{2+} combinados, e Calcon para a determinação de Ca^{2+}

isolado. O potássio e o sódio no filtrado foram determinados por fotometria de chama. A concentração dos catiões foi calculada, tendo em conta o fator de diluição, e expressa em centimole **por quilograma** de **solo** (C'-mol$_{(}$$^{+)}$ Kg^{-1} solo).

D. **Capacidade efectiva de troca catiónica (CEEC)**: A capacidade efectiva de troca catiónica do solo foi determinada através da soma total dos catiões básicos permutáveis (Ca^{2+} , $Mg2^+$, K^+ ,, Na^+) e da acidez total (Juo et al, 1976).

E. **Carbono orgânico**: O carbono orgânico no solo foi determinado pelo método de oxidação húmida, tal como descrito por Nelson e Sammer (1982).

F. **O fósforo disponível** no solo foi extraído com a solução de extração Bray 1 P, com agitação durante um minuto antes da filtração. O fósforo no extrato foi determinado pelo método de Murphy e Riley (1962).

G. **Azoto total**: O azoto total no solo foi determinado pelo método de digestão e destilação macro-Kjeldahl, tal como descrito por Tinsley (1970).

1.3.6.2.3.2 Amostras de fertilidade:

As amostras de solo recolhidas para avaliação da fertilidade foram analisadas quimicamente para as características acima mencionadas para as amostras de perfil. Além disso, foram determinados os seguintes micronutrientes por amostra: Zinco, Cobre, Manganês e Ferro. O zinco, o cobre, o manganês e o ferro foram extraídos com acetato de amónio normal neutro e cada elemento foi determinado com um espetrofotómetro de absorção atómica.

1.3.7 Resultados

1.3.7.1 Resultados para as amostras de fertilidade do solo da fazenda de cana-de-açúcar Bacita

1.3.7.1.1 Propriedades físicas dos solos

As amostras de solo para avaliação da fertilidade do solo foram recolhidas em dez campos, nomeadamente: C5, C6, C17 C$^{A, 18B}$, C18^c , N15, N20^A , N24, W24 e W49. As profundidades de amostragem foram de 0-15, 15-30 e 30-45 cm para cada ponto de amostragem em cada campo. As texturas das amostras de solo indicam duas classes distintas, a primeira classe é a dos solos franco-arenosos (C17^A , C18^B , C18c, N20^A , W42 e W49) que registaram valores de areia, variando de 63,23 a 78,30 por cento, e valores de argila variando de 5,56 a 14,73 por cento. A segunda classe é a dos solos franco-argilosos com textura argilosa na camada de 30-40 cm (C5, N15 e N24). Este segundo grupo de solos registou valores de argila que variam entre 23,4 e 45,20%. O campo C6 situa-se entre os campos extremamente franco-arenosos e extremamente argilosos, tendendo para os solos franco-argilosos entre 15 e 45 cm de profundidade (**Quadro 9**)

Table 9: **Propriedades físicas das amostras de solo de Bacita para avaliação da fertilidade (média para cada camada)**

Sites	Depth(cm)	Sand %	Silt %	Clay %	Texture
	0-15	53.85	21.85	24.30	Sandy clay loam
C5	15-30	49.70	19.05	31.25	Sandy clay loam
	30-45	44.45	17.50	38.05	Clay loam

Sites	Depth	Sand %	Silt %	Clay %	Texture
	0-15	64.30	18.23	17.47	Sandy loam
C6	15-30	55.23	19.97	24.80	Sandy clay loam
	30-45	52.67	18.27	29.03	Sandy clay loam
	0-15	70.33	21.37	8.30	Sandy loam
C17[A]	15-30	67.10	22.00	10.90	Sandy loam
	30-45	63.23	22.03	14.73	Sandy loam
	0-15	75.30	16.85	7.85	Sandy loam
C18[B]	15-30	76.45	14.40	9.15	Sandy loam
	30-45	70.85	16.40	12.75	Sandy loam
	0-15	76.45	17.75	5.80	Loamy sand
C18[C]	15-30	74.00	18.00	8.00	Sandy loam
	30-45	68.50	20.15	11.35	Sandy loam

Quadro 9: **Continuação do quadro**

Sites	Depth	Sand %	Silt %	Clay %	Texture
	0-15	42.34	29.84	27.82	Clay loam
N15	15-30	38.22	26.70	35.08	Clay loam
	30-45	32.94	21.86	45.20	Clay
	0-15	64.3	18.62	11.48	Sandy loam
N20[A]	15-30	62.02	23.76	14.22	Sandy loam
	30-45	53.04	23.85	23.12	Sandy clay loam
	0-15	48.44	28.38	23.14	Sand clay loam
N24	15-30	41.92	25.76	32.40	Clay loam
	30-45	40.92	18.10	40.98	Clay
	0-15	71.90	22.54	5.56	Sandy loam
W42	15-30	74.32	18.32	7.36	Sandy loam
	30-45	74.68	17.68	7.64	Sandy loam
	0-15	71.67	21.18	7.15	Sandy loam
W49	15-30	70.40	19.70	9.90	Sandy loam
	30-45	78.30	12.75	8.95	Sandy loam

1.3.7.1.2 Propriedades químicas dos solos (amostras de fertilidade).

Os valores de pH dos solos (em água) variaram entre 5,90 e 6,30 na camada de 0-45 cm dos solos extremamente argilosos C5 e N15, enquanto os valores variaram entre 6,60 e 6,80 no solo do campo C6, que é moderadamente argiloso, e entre 5,40 e 6,82 nos campos de areia argilosa/argilosa como N24 e W42.

Os valores de pH em KCl variaram entre 4,14 e 5,20 em todos os solos. Isto é uma indicação de cargas negativas líquidas nos solos (Benenoua e Vetori, 1960).

Os sítios permutáveis de todos os solos são dominados pelo cálcio, seguido de perto pelo magnésio, acidez, potássio e sódio, respetivamente. Isto não é estranho porque esta observação é peculiar à maioria dos solos tropicais derivados de pedras de areia e leques aluviais (Adams, 1970; Ogunwale e Ashaye, 1975; Adegbite e Ogunwale, 1994).

Os valores da capacidade efectiva de troca catiónica (CEEC) variaram entre 10,02 e **10,96 e entre 13,16 e 13,82** C'-mol kg^{-1} para os solos dos campos N15 e C5, respetivamente. Os valores da CEEC variaram **entre 7,28 e 8,24** C'-mol kg^{-1} para os solos da parcela C6.

Os valores de CCEE variaram entre 3,32 e 7,00 nas camadas de 0-15 cm; entre 3,43 e 8,94 nas camadas de 15-30 cm e **entre 3,43 e 11,38** C'-mol$^{(+)}$ kg^{-1} nas camadas de 30-45 cm dos solos dos campos de areia argilosa/argila arenosa na Bacita (**Quadro 10**).

Os valores de carbono orgânico (CO) em todos os solos dos campos de Bacita variaram de baixo a médio na superfície (0-15 cm) com valores variando de 0,75 a 1,32 por cento nas camadas de 15-30 cm, os valores de CO variaram de 0,43 a 0,82 por cento; enquanto os valores de CO nas camadas de 30-45 cm variaram de 0,23 a 0,57 por cento.

Na mesma linha, os valores de nitrogênio total foram baixos para as três camadas de solo, amostradas nos canaviais de Bacita, com os valores variando de 0,07 a 0,11 nas camadas de 0-15 cm. O maior valor de nitrogênio total de 0,13 por cento foi registrado para a camada de 15-30 e 30-45 cm do campo C18B, respetivamente (**Tabela 10**).

Os valores de fósforo disponível das camadas de 0-15 cm de todos os solos nos campos de cana de Bacita variaram de 22,25 a 95,09 mg kg^{-1} , e esses valores indicam suficiência de fósforo para pelo menos dois anos de cultivo de cana de açúcar antes da aplicação de fertilizante fosfatado adicional.

Quadro 10: **Propriedades químicas das amostras de solo de Bacita brung para avaliação da fertilidade (média de cada camada),**

Sites	Depth	pH (H2O)	pH (KCl)	Ca	Mg	K	Na	Total Acidity	ECEC	Organic C %	Total %	N Available Phosphorus mg Kg⁻¹
						C'- mol$^{(+)}$ Kg^{-1}						
C5	0-15	6.15	500	11.2	1.25	0.33	0.19	0.26	13.16	0.92	0.11	56.28
	15-30	6.20	5.45	12.40	0.88	0.18	0.14	0.26	13.82	0.66	0.06	22.08
	30-45	6.30	4.90	12.40	0.63	0.20	0.15	0.22	13.57	0.57	0.06	20.78
C6	0-15	6.60	5.47	5.83	1.83	0.22	0.12	0.24	8.24	0.96	0.08	68.25
	15-30	6.70	5.40	5.00	2.17	0.29	0.09	0.25	7.80	0.56	0.09	46.32
	30-45	6.80	5.10	5.33	1.33	0.28	0.09	0.25	7.28	1.42	0.06	18.76
C17^A	0-15	6.00	4.68	3.83	1.08	0.09	0.08	0.33	5.41	0.94	0.11	46.03
	15-30	6.10	4.90	3.00	1.17	0.10	0.08	0.27	4.62	0.67	0.11	43.00
	30-45	6.35	5.20	2.75	1.17	0.08	0.07	0.35	4.42	0.42	0.09	26.12
C18^B	0-15	5.55	4.40	2.00	1.13	0.07	0.06	0.28	3.54	0.85	0.11	25.55
	15-30	6.05	4.52	2.13	0.63	0.24	0.17	0.26	3.43	0.43	0.13	26.62
	30-45	6.40	4.82	2.00	1.00	0.11	0.08	0.24	3.43	0.33	0.13	21.21
C18^C	0-15	5.95	4.37	2.38	0.50	0.09	0.08	0.27	3.32	0.75	0.07	24.68
	15-30	6.40	4.60	3.13	1.00	0.09	0.08	0.28	4.58	0.48	0.06	22.30
	30-45	6.75	5.00	2.88	1.13	0.09	0.08	0.24	4.42	0.23	0.06	17.75

Table 10: **Continuação do quadro**

Sites	Depth	pH (H2O)	pH (KCl)	Ca	Mg	K	Na	Total Acidity	ECEC	Organic C %	Total N %	Available Phosphorus mg Kg^{-1}
					C'- mol$^{(+)}$ Kg^{-1}							
N15	0-15	5.90	4.40	7.85	1.55	0.20	0.14	0.28	10.02	1.21	0.10	22.25
	15-30	5.91	4.58	8.95	1.45	0.18	0.13	0.25	10.96	0.82	0.09	20.87
	30-45	5.99	4.62	8.95	1.00	0.02	0.16	0.23	10.56	0.60	0.08	1.65
N20^{A}	0-15	5.60	4.38	3.10	1.20	0.15	0.12	0.27	4.84	0.96	0.11	25.20
	15-30	5.64	4.31	2.75	0.95	0.09	0.08	0.27	4.14	0.61	0.08	16.97
	30-45	5.64	4.26	3.00	1.35	0.12	0.09	.0.23	4.79	0.42	0.09	14.29
N24	0-15	5.40	4.14	5.40	1.05	0.15	0.11	0.29	7.00	1.32	0.09	32.99
	15-30	5.56	4.27	7.40	1.05	0.15	0.11	0.23	8.94	0.70	0.07	21.05
	30-45	5.71	4.36	9.35	1.50	0.18	0.13	0.22	11.38	0.41	0.05	16.02
W42	0-15	6.23	4.51	2.75	1.95	0.32	0.19	0.30	5.51	1.01	0.09	95.09
	15-30	6.27	4.94	2.95	2.50	0.13	0.10	0.27	5.50	0.79	0.08	77.49
	30-45	6.35	4.97	2.90	1.95	0.09	0.08	0.23	5.25	0.37	0.05	50.39
W49	0-15	6.35	5.09	3.62	1.06	0.51	0.24	0.25	5.68	1.17	0.11	95.02
	15-30	6.51	5.20	2.75	1.13	0.17	0.13	0.26	4.44	0.59	0.07	69.05
	30-45	6.82	5.20	2.88	0.69	0.11	0.09	0.21	3.98	0.23	0.05	39.83

1.3.7.1.3 Micronutrientes nos canaviais da Bacita (amostras de fertilidade)

Os valores de zinco (Zn) nos horizontes superficiais de C5 e N15 (solos extremamente argilosos) variaram de 0,25 a 0,63 mg kg^{-1} de solo. Os valores de manganês (Mn), cobre (Cu) e ferro (Fe) nestes solos extremamente argilosos variaram de 16,46 a 32,47; 0,30 a 0,43 e 0,19 a 0,46 mg kg^{-1} , respetivamente no horizonte superficial (0-15 cm).

Os valores de Zn, Mn, Cu e Fe no solo moderadamente argiloso, C6, foram de 0,43, 39,60, 0,79 e 0,44 mg/kg, respetivamente, no horizonte superficial (0-15 cm). Os valores de Zn, Mn, Cu e Fe nos campos arenosos (N20A, N24, W42, W49) variaram de 0,15 a 0,46; 15,31 a 64,68; 0,05 a 0,90, e 0,14 a 1,06 mg kg^{-1} respetivamente, no horizonte superficial (0-15cm) (**Tabela 12**). Os valores de manganês nos três horizontes estudados diminuíram com a profundidade para todos os solos de todos os campos na Bacita. Os valores de Zinco, Cobre e Ferro distribuíram-se de forma inconsistente nas três camadas estudadas para todos os solos (**Tabela 12**).

Brady e Weil (1999) apresentam as condições do solo normalmente associadas à deficiência de micronutrientes no solo.

O PH elevado do solo, o estado calcário, o alagamento e os solos alcalinos podem levar à deficiência de ferro. Solos calcários, com pH elevado, com pouca matéria orgânica e arenosos podem ser deficientes em manganês.

Os solos calcários, os solos arenosos ácidos e os solos ricos em fósforo disponível serão deficientes em zinco. Os histossolos e os solos arenosos muito ácidos serão deficientes em cobre. A faixa comum de taxas recomendadas para aplicações no solo em kg/ha e os valores correspondentes nos campos de cana de açúcar de Bacita são dados abaixo na tabela 11

Quadro 11: **Composição em micronutrientes dos solos da Bacita em comparação com as normas recomendadas**

Microelement	Recommended Application Range	Values in Bacita Soils
Iron	0.5- 10.0	0.3- 2.1
Manganese	2.0- 20.0	16.0-129.4
Zinc	0.5- 20.0	0.3-1.3
Copper	0.5- 15.0	0.1-1.8

As plantas que raramente são deficientes em zinco são a cenoura, as ervilhas, a aveia e as gramíneas, incluindo a cana-de-açúcar. As plantas que são deficientes em cobre são feijão, batata, ervilhas, gramíneas de pastagem e pinheiros (Brady e Weil, 1999).

Os valores registados para os campos de cana de açúcar na Bacita de Zinco, Cobre e Ferro indicam que pode haver necessidade de aplicar estes nutrientes no campo porque os valores registados são comparativamente baixos. O conteúdo de manganês dos solos parece estar no lado alto, e pode não haver necessidade de aplicação de manganês nos solos.

Quadro 12: Solos de Bacita Brung (médias das amostras de fertilidade)

Sites	Depth	Zn	Mn	Cu	Fe
			mg/ kg soil		
C5	0-15	0.63	32.47	0.43	
	15-30	0.23	24.83	0.38	0.19
	30-45	0.20	23.57	0.35	
C6	0-15	0.43	39.60	0.79	
	15-30	0.28	27.63	0.48	0.44
	30-45	0.15	23.78	0.35	
C17[A]	0-15	0.33	49.01	0.09	
	15-30	0.33	42.46	0.14	0.30
	30-45	0.30	36.33	0.26	
C18[B]	0-15	0.35	23.50	0.90	
	15-30	0.43	15.95	0.21	0.14
	30-45	0.26	11.30	0.19	
C18[C]	0-15	0.22	23.27	0.05	
	15-30	0.22	21.73	0.05	0.43
	30-45	0.18	21.81	0.49	

Quadro 12: **Continuação do quadro**

Sites	Depth	Zn	Mn	Cu	Fe
N15	0-15	0.25	16.46	0.30	0.46
	15-30	0.15	11.59	0.33	
	30-45	0.16	9.85	0.26	
N20[A]	0-15	0.29	24.57	0.12	1.06
	15-30	0.32	18.03	0.20	
	30-45	0.24	11.83	0.18	
N24	0-15	0.15	15.31	0.19	0.63
	15-30	0.23	9.97	0.19	
	30-45	0.24	8.02	0.19	

					0.57
	0-15	0.41	39.99	0.18	
W42	15-30	0.41	32.42	0.22	
	30-45	0.20	18.25	0.23	
					0.45
	0-15	0.46	64.68	0.21	
W49.	15-30	0.25	28.14	0.14	
	30-45	0.23	14.07	0.19	

1.3.7.2 Perfis de solo que representam o solo de Brung na Bacita

1.3.7.2.1 Preâmbulo:

Foram identificados dois grupos de solos problemáticos em resultado das observações efectuadas nas amostras de fertilidade acima referidas. Estes dois grupos são:

(i)   Os solos que são extremamente arenosos desde a superfície até aos horizontes subsuperficiais;

(ii)   Os solos que são extremamente argilosos desde a superfície até ao horizonte sub-superficial.

Foram afundados quatro perfis de solo, dois dos quais representam os campos extremamente arenosos e os restantes dois os campos extremamente argilosos. Cada perfil de solo foi descrito de acordo com as directrizes da FAO (1965).

Foram recolhidas amostras de solo de horizontes genéricos de cada perfil. Para além disso, foram retiradas amostras de cada horizonte para determinação da densidade aparente.

1.3.7.2.2 Características gerais dos solos (amostras de perfil)

Os solos que representam campos extremamente argilosos são C5 e N19, enquanto os solos que representam solos extremamente arenosos são W42 e W49. Os pormenores da descrição do perfil do solo constam do anexo I.

1.3.7.2.2.1 Campos extremamente argilosos

Os campos C5 e N19 são extremamente argilosos e apresentam fissuras com 4-6 mm de largura durante a estação seca. O teor de argila variou de 49,67 a 74,76% em C5 e de 47,76 a 76,76% em N19.

Os valores de argila e a incidência de fissuras nestes campos indicam a presença de minerais de argila esmectítica no solo. Este facto é ainda reforçado pelos valores da capacidade efectiva de troca catiónica (CEC), que variaram entre 103,74 e 125,00 C'-mol kg^{-1} do solo em C5 **e entre 83,18 e 108,91** C'-mol kg^{-1} do solo em N19 (Quadro 13).

Os valores da capacidade efectiva de troca catiónica entre **80 e 140** C'-mol kg^{-1} do solo indicam geralmente a presença de argilominerais de estrutura expansiva, como a esmectite e a vermiculite (Rich e Kunze, 1964). Os sítios de troca dos solos extremamente argilosos são dominados pelo cálcio, seguido do magnésio, da acidez, do potássio e do sódio em valores decrescentes, respetivamente. O cenário descrito acima é verdadeiro para as amostras de solo dos pedons C5 e N19. Os valores de cálcio variaram entre

***Quadro 13:* Características gerais dos solos extremamente argilosos dos campos de cana-de-açúcar**

BACITA

Sites	Depth In cm	Bulk Density g/cm³	Sand %	Clay %	PH H₂0	Ca	Mg	K	Na	Total Acidity	ECEC	O.M (%)	Na Saturation %
										C'-mol$^{(+)}$/Kg			
C -5 Profile	0-24	1.66	36.24	49.76	6.8	78.8	25.2	1.07	0.09	2.0	107.07	1.78	0.08
	24-80	1.82	17.24	74.76	6.4	79.2	40.8	1.00	0.22	4.0	125.00	1.31	0.18
	80-118	1.99	23.24	68.76	6.4	69.2	28.4	0.95	0.24	6.0	103.74	1.25	0.23
N 19 Profile	0-15	1.77	38.24	47.76	6.4	59.2	21.2	0.66	0.12	2.0	83.18	2.89	0.14
	15-42	2.12	22.24	67.76	6.5	65.2	34.8	0.72	0.17	4.0	108.91	0.92	0.16
	42-120	2.16	21.24	76.76	7.1	70.8	30.8	0.72	0.33	4.0	106.65	0.72	0.31

59,2 e 79,2 C'-mol$^{(+)}$ kg^{-1} de solo nos dois pedons (Tabela 13). Os valores de magnésio variaram **de 21,2 a 40,8** C'-mol/kg de solo nos dois pedregulhos. Estes valores elevados de cálcio e magnésio não implicam uma alcalinidade do solo porque os valores de pH são ligeiramente ácidos a neutros em todos os horizontes dos dois pedregulhos.

Os pedregulhos C5 e N19 também não são sódicos porque os valores de saturação de sódio presentes são inferiores a 0,4 em todos os horizontes.

Os valores da matéria orgânica variaram entre 0,72 e 2,89 por cento nos horizontes dos dois pedregulhos. Estes valores são moderados a elevados e explicam provavelmente a razão dos valores elevados de catiões básicos permutáveis.

1.3.7.2.2.2 Campos extremamente arenosos

Os campos W42 e W 49 representam os solos extremamente arenosos nas áreas operacionais da NISUCO na Bacita.

Os valores de argila são inferiores a 10 por cento em todos os horizontes de W42 e W49, enquanto os valores de areia são superiores a 90 por cento em todos os horizontes dos dois perfis.

A textura das amostras de solo de cada horizonte é arenosa, o que coloca um problema de drenagem excessiva. A implicação disto é a não retenção dos fertilizantes aplicados, especialmente os fertilizantes azotados.

Os locais de troca são dominados pelo cálcio, seguido pela acidez total, magnésio, potássio e sódio em valores decrescentes, respetivamente, nos pedons W42 e W49.

Os valores de cálcio variaram entre 4,8 e 13,2 C'-mol kg^{-1} de solo; os valores de acidez total variaram **entre 2,0 e 6,0** C'-mol kg^{-1} **de solo; os valores de magnésio variaram entre 0,8 e 8,4** C'-mol kg^{-1} de solo; os valores de potássio variaram entre 0,1 e 1,0 C'-mol/kg de solo, enquanto os valores de sódio variaram entre 0,01 e. **0,02** C'-mol/kg de solo, respetivamente, nos dois pedons (Quadro 11).

Os valores da **capacidade efectiva de troca catiónica variaram entre** 8,91 e 23,91 C'-mol kg^{-1} de solo, nos dois pedons, indicando uma mineralogia mista de argila. Enquanto os valores de sódio variaram entre 0,01 e **0,02** C'-mol kg^{-1} de solo, respetivamente nos dois pedons (**Tabela 14**).

Os valores da **capacidade** efetiva de **troca** catiônica variaram **entre 8,91 e 23,91** C'-mol kg^{-1} de solo, nos dois pedons, indicativos de mineralogia mista de argila.

O valor de 1,0 C'-mol kg^{-1} de potássio registado para o último horizonte de W 49 confirma a presença de sericite observada neste horizonte no campo.

A reação do solo nos pedregulhos extremamente arenosos, W42 e W49, é ligeiramente ácida a quase neutra (os valores variam entre 6,1 e 6,8).

Os valores da percentagem de saturação de sódio são muito inferiores a 1,0, o que é uma indicação de que a sodicidade não é um problema destes solos.

Os valores da matéria orgânica variaram de 0,53 a 1,71% nos dois pedons que são extremamente arenosos. Estes valores baixos a moderados explicam o nível moderado de catiões permutáveis no solo.

Tabela 14: **Características gerais do solo extremamente arenoso do canavial de Bacita.**

Sites	Depth In cm	Bulk Density g/cm³	Sand %	Clay %	pH H₂O	Ca	Mg	K	Na	Total Acidity	ECEC	O.M (%)	Na Saturation %
									C'-mol$^{(+)}$/Kg				
W42	0-20	1.82	90.24	7.48	6.3	13.2	8.4	0.29	0.02	2.0	23.91	1.50	0.08
	20-54	1.38	91.80	8.00	6.6	10.0	3.6	0.12	0.02	6.0	19.74	0.72	0.10
	54-103	1.44	91.80	8.00	6.7	6.0	0.8	0.17	0.02	4.0	10.99	0.53	0.18
	103-135	2.12	91.80	8.00	6.8	4.8	2.0	0.10	0.01	2.0	8.91	0.53	0.10
W49	0-24	1.81	91.80	8.20	6.1	7.2	3.6	0.37	0.02	6.0	17.19	1.71	0.12
	24-56	1.72	92.00	8.00	6.2	8.0	1.2	0.18	0.01	4.0	13.39	1.71	0.07
	56-110	1.56	91.90	8.00	6.5	6.0	1.6	0.30	0.01	6.0	13.91	0.53	0.07
	110-145	1.59	91.80	8.00	6.5	6.0	0.8	1.00	0.02	2.0	9.82	0.59	0.20

1.3.7.3 Considerações de gestão

1.3.7.3.1 Campos extremamente argilosos

O problema de maior importância nos campos extremamente argilosos é a presença de um elevado teor de argila nos solos. Este facto conduz normalmente a um comportamento de baixa infiltração e a uma baixa permeabilidade (Marshall e Holmes, 1997). Além disso, a adsorção de catiões e aniões dos fertilizantes aplicados e da água de irrigação não pode ser excluída. Os pedons C5 e N19, que são representativos dos campos extremamente argilosos, têm propriedades próximas das dos solos vertisólicos de depressões mais baixas, normalmente cultivados com sorgo e cana-de-açúcar no nordeste da Nigéria (Ogunwale e Dixon, 1979; Esu, 1988). A opção de gestão que é digna de consideração para os campos extremamente argilosos na área operacional da NISUCO em Bacita é a drenagem. Em Bacita, que tem uma precipitação moderada durante o ano, a drenagem em vala aberta deve ser combinada com a drenagem por tubos/ telhas de subsolo, que utiliza pequenos comprimentos de telhas de cerâmica ou de betão colocadas a profundidades escolhidas na vala, que é depois preenchida. Também podem ser utilizados tubos perfurados de plástico rígido como alternativa. O custo de colocar as telhas de drenagem será certamente compensado pelo aumento da produção subsequente de cana-de-açúcar nesses campos. (Sanchez, 1987; Marshall e Holmes, 1979).

1.3.7.3.2 Os campos extremamente arenosos

O problema de maior importância nos campos extremamente arenosos é a drenagem excessiva. Estes solos, representados pelos pedons W42 e W49, não têm estrutura. A drenagem excessiva apresentada por estes pedons impede a retenção dos fertilizantes aplicados, especialmente os altamente solúveis em água, como a ureia e o sulfato de amónio.

A opção de gestão digna de consideração na melhoria da estrutura do solo é a plantação de leguminosas como o Calopogonium mucunoides. Esta cultura é conhecida por melhorar a estrutura do solo através da sua rede expansiva de raízes. Essas culturas, após a plantação, devem ser deixadas por dois anos consecutivos em cada campo, a fim de que possam ser aradas durante o terceiro ano antes de plantar o campo para a cana-de-açúcar. É necessário evitar a utilização de máquinas de tração pesadas em todas as operações nestes campos arenosos, para evitar uma maior degradação dos campos. Operações ligeiras com tractores, combinadas com trabalho manual, serão suficientes para manter a estrutura do solo após a plantação de Mucuna puriens ou de outras leguminosas de cobertura nos campos.

CAPÍTULO 4

1.4 PROJECTO II: LEVANTAMENTO SEMI-DETALHADO E CLASSIFICAÇÃO DOS SOLOS DO CAMPO DE SURGANE PROPOSTO PELA SUNTI

1.4.1. Antecedentes

O campo de cana-de-açúcar que tinha sido utilizado durante mais de cinco anos, em Sunti, foi inundado quando o rio Níger transbordou as suas margens em 1998. A inundação levou toda a cana-de-açúcar do campo. Este campo em particular é facilmente suscetível de ser inundado devido à sua localização (Abbots River Niger). Para que a Sunti Sugar Company pudesse continuar a produzir cana-de-açúcar num local menos propenso a inundações, foi aberta uma nova parcela de terreno entre Kusogi e Batagi. Esta parcela de terreno tem cerca de 500 hectares. O Instituto de Investigação do Açúcar da Universidade de Ilorin foi encarregado pelo Conselho Nacional de Desenvolvimento do Açúcar (NSDC) de efetuar um levantamento do solo da parcela de terreno aberta. Este é um relatório do levantamento do solo da parcela de terreno aberta, realizado em março de 2001.

1.4.2. Ambiente agro-climático da zona

1.4.3. Localização

O terreno proposto para a empresa açucareira Sunti é delimitado pelas latitudes 9o 0' 12 "N e 9o 0' 13.1 "N e pelas longitudes 5° 0'll" e 5o 0' 12.4 "E. O terreno situa-se a cerca de 5,6 km a nordeste de Kusogi, no estado do Níger, na Nigéria, e situa-se entre as aldeias de Kusogi e Batagi (MAPA 2)

1.4.4. Clima

Kusogi está situada acima do rio Níger e a cerca de 10 km a norte do rio. Forma um triângulo com Bacita e Lafiagi a sul do rio Níger. Por conseguinte, partilha um clima semelhante com Bacita e Lafiaggi. As condições climáticas descritas para Bacita serão, portanto, aplicáveis aos campos de cana-de-açúcar propostos para Kusogi (**Figura 3**)

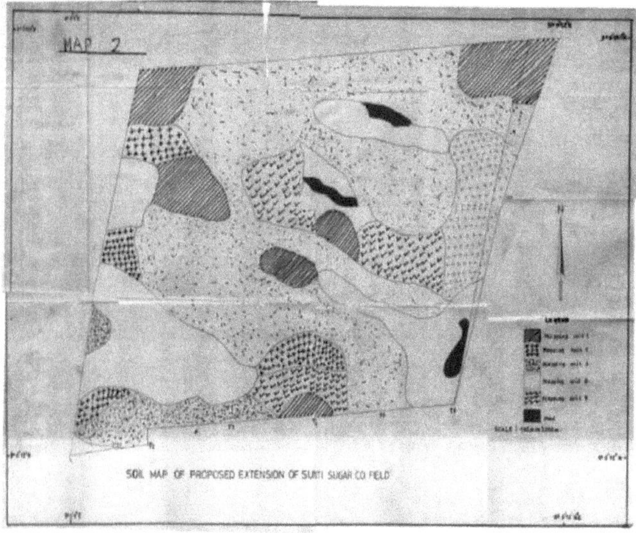

Mapa 2: **Mapa do solo da extensão proposta do campo de Sunti sugar Co**

1.4.5. Geologia/Geomorfologia

Kusogi situa-se na extensão norte do embayment do rio Níger, onde o arenito Nupe é a formação predominante. A descrição geológica/ geomorfológica apresentada para Bacita é igualmente aplicável a Kusogi.

1.4.6. Vegetação

Kusogi insere-se na zona Savana do sul da Guiné, tal como Bacita. O tipo e o tamanho das árvores e arbustos encontrados em Bacita e descritos para Bacita são normalmente encontrados em Kusogi. A descrição da vegetação de Bacita poderia, por conseguinte, substituir a de Kusogi.

1.4.7. Metodologia

A metodologia utilizada para este projeto foi dividida em duas: O trabalho de campo e a análise laboratorial.

1.4.1.1 O trabalho de campo

1.4.1.1.1 Abordagem de levantamento do solo

O trabalho de campo começou com uma visita preliminar a Dakogi, a sede administrativa da Sunti Sugar Company. Durante esta visita, foram mantidas conversações com o diretor administrativo sobre a missão, a fonte de mão de obra, o alojamento e outras questões logísticas.

O nível do inquérito era tal que um ponto de amostragem deveria representar 10 hectares de terra. No sentido atual de amostragem de solo para o estudo do solo, este é um estudo semi-detalhado/ pormenorizado (Paramanathan, 1991). Assim, foram cortados transectos a intervalos regulares de 500 metros ao longo da linha de base, e foram escavadas miniparcelas a intervalos regulares de 200 metros ao longo de cada transecto. A linha de base foi cortada desde a extremidade de Sabo Tunga até à extremidade de Batagi, medindo 2,5 km. Cada transecto tinha 2,0 km de comprimento.

1.4.1.1.2 Descrição das mini-poços e perfis de solo

Havia um total de 66 mini-poços. Cada mini-poço, com uma dimensão de 30 cm por 30 cm, foi inicialmente escavado com um cutelo até uma profundidade de 60 cm, enquanto que o trado de olhos escoceses foi utilizado para atingir uma profundidade de 1,2 metros, na maioria dos casos em que não existiam obstruções como cuirasse ou pedras.

A observação da textura, cor, profundidade das manchas, cascalhos, estrutura, artefactos e materiais orgânicos foi feita em amostras combinadas de mini-poços e furos de trado. As observações acima mencionadas foram efectuadas em amostras de 0-15 cm, 15-30 cm, 30-45 cm, 45-60cm, 60-90cm, e 90 - 120cm de profundidade de cada mini-poço.

Foi produzido um mapa de solos através da demarcação de mini-poços idênticos na grelha, utilizando as características morfológicas e a posição na encosta. Foram identificadas cinco unidades de mapeamento na área. Foram identificadas e abertas covas de perfil representativas de cada unidade de mapeamento. Cada fosso de perfil media 2,4 m x 1,0 m e foi escavado a uma profundidade mínima de 1,5 m e terminado a 2 m de profundidade. Foram efectuadas as seguintes observações em cada um dos perfis de solo:

(i)   Em cada horizonte

Espessura, cor (utilizando a tabela de cores Munsell), textura, estrutura, consistência (seca, húmida e molhada), presença de raízes, actividades faunísticas do solo, acumulações, concreções, endurecimento ferruginoso, características de drenagem e limites dos horizontes.

(ii)   Perfil do ambiente

As características consideradas foram o declive, a forma do terreno, a vegetação (natural ou cultivada), a erosão ou drenagem e a pedregosidade. **A descrição acima referida foi efectuada com base no manual da FAO (1965) sobre "Guidelines for soil profile description". Os registos foram feitos em fichas de descrição do solo concebidas para** esta tarefa. A classificação provisória dos perfis no terreno foi efectuada e modificada, adaptada ou alterada, conforme o caso, apenas depois de estarem disponíveis dados laboratoriais.

1.4.1.1.3 Amostragem de perfis de solo

As amostras de solo foram recolhidas a partir do último horizonte de cada perfil e de forma sequencial. As amostras foram guardadas em sacos de pano bem etiquetados para posterior processamento e análise laboratorial. No apêndice 2 são apresentados pormenores da descrição do perfil do solo para o campo proposto da empresa açucareira Sunti

1.4.8.   Resultados

1.4.9.   Características gerais do solo dos campos de cana-de-açúcar Sunti propostos

1.4.10.   Textura do solo

Os perfis 1, 2, 3 e 5 são extremamente arenosos, com valores de areia compreendidos entre 85,4 e 94,6 por cento. O teor de argila de cada um destes perfis é geralmente inferior a 6,0%. Estes valores de teor de areia e argila representam uma textura de areia argilosa. Estes solos são conhecidos por terem uma elevada taxa de infiltração e estão associados a terras altas e a declives médios num terreno geralmente arenoso (Ministério Federal dos Recursos Hídricos, 1980). Estes solos com uma taxa de infiltração elevada só podem ser irrigados através de métodos aéreos.

O perfil 4 tem uma superfície franco-argilosa que se transforma em argila nos horizontes subterrâneos. Este pedon está situado num terreno ligeiramente inclinado, com declives que variam entre 1 e 3 por cento. A área ocupada por este pedon tem menos de 5 termiteiras por hectare numa vegetação de savana/gramíneas. Esta terra ocupada pelo pedon 4 é adequada para a produção de cana-de-açúcar, se for possível assegurar a drenagem e o controlo das cheias. A partir da descrição textual dos perfis acima, conclui-se que não há terras de classe 1 e classe 2, no campo proposto de Sunti, para culturas diversificadas. Os pedregulhos 1, 2, 3 e 5 pertencem à classe 3 para culturas diversificadas, devido ao declive e à textura excessivamente arenosa que não permite que o fertilizante aplicado seja corretamente utilizado pelas culturas.

O perfil 4 é adequado para a cana-de-açúcar porque tem uma superfície argilosa e textura superficial argilosa com moderada capacidade de troca catiónica [CEC (e)], ocorrendo em terras que podem ser irrigadas (quer por superfície ou por cima) e podem ser formadas mecanicamente. O solo tem uma densidade aparente ligeiramente elevada (1,65 a 2,2 g/cm^3) e uma drenagem imperfeita. Este pedon 4 é semelhante à série Bachigi que tem uma reação muito fortemente ácida, (PH<5.0 em água), e pode haver o risco de toxicidade de alumínio com uso prolongado para a produção de cana de açúcar.

1.4.11. Propriedades químicas do solo

1.4.12. Reação do solo:

Os perfis 1,2,3 e 5 têm uma reação moderadamente ácida em todos os perfis (os valores de pH variam entre 5,50 e 6,50). O perfil 4 tem uma reação muito fortemente ácida com valores de pH inferiores a 5,0 em todos os horizontes. Este tipo de valores baixos de pH, inferiores a 5,0 na água, está fortemente associado ao risco de toxicidade do alumínio.

1.4.13. Catião permutável e acidez total:

Os sítios de troca dos pedons 1, 2, 3 e 5 são dominados pelo cálcio. Seguem-se o magnésio, a acidez, o potássio e o sódio, por ordem decrescente (**Quadro 15**). Os locais de troca dos solos dos pedregulhos 4 são dominados pelo cálcio. Seguem-se a acidez, o magnésio, o potássio e o sódio, por ordem decrescente. A acidez tem preeminência sobre o magnésio, o potássio e o sódio nos locais de troca do perfil 4 devido aos baixos valores de pH.

Os valores da capacidade efectiva de troca catiónica (CEEC) nos pedons 1,2,3 e 5 variaram entre 2,07 e **6,24** C'-mol$^{(+)}$ kg^{-1} de solo. Estes valores muito baixos de CEEC são comuns em solos derivados de arenito (Ogunwale e Ashaye, 1975; Adegbite e Ogunwale, 1994). O Pedon 5 apresentou valores de CEEC que variaram entre 11,89 e **13,42** C'-mol$^{(+)}$ kg^{-1} de solo. Estes valores de CEEC são moderadamente elevados devido ao elevado teor de argila do pedon. As fissuras que foram observadas no campo coberto por este pedon indicam a presença de tipos de argila expansível 2:1. Isto deve-se ao facto de os valores de CEEA aumentarem com a profundidade do perfil, à medida que o teor de argila aumenta, enquanto os valores de matéria orgânica diminuem com a profundidade do perfil. Os valores moderadamente elevados de CEEA devem-se, provavelmente, mais ao tipo de argila do que ao teor de matéria orgânica.

1.4.14. Classificação do solo de Sunti em Kusogi

Pedon um

O pedúnculo do canavial proposto por Sunti tem textura arenosa nos primeiros 3 horizontes com areia argilosa **no último horizonte. Os valores de** ECEC **variaram entre 2,59 e 6,42** C'-mol$^{(+)}$ kg^{-1} de solo no perfil. A área de Kusogi situa-se no regime de solos de humidade ústica da Nigéria (Bukoye **et al.,** 1983). A natureza arenosa com horizontes menos definidos tende a classificar este pedon como Typic

Ustipsamment da Soil Taxonomy (Soil Survey Staff, 1992), e localmente como Batagi series.

Tabela 15: Características gerais dos solos dos campos de cana-de-açúcar Sunti propostos

Depth in cm	Sand (%)	Silt (%)	Clay (%)	Texture	pH (H₂O)	Ca	Mg	K	Na	Total Acidity	ECEC	O.M (%)	N (%)	P (mg/kg)
								$C'- mol^{(+)} kg^{-1}$						
Sunti Profile 1					Batagi Series									
0-14	93.1	1.3	5.6	Sand	6.30	4.00	1.75	0.17	0.14	0.18	6.24	1.34	0.07	50.22
14-33	94.6	0.7	4.7	Sand	6.20	2.25	1.00	0.10	0.08	0.16	3.59	0.52	0.04	45.89
33-102	92.8	2.6	4.6	Sand	5.90	1.00	1.25	0.08	0.06	0.20	2.59	0.21	0.04	37.23
102-150	85.4	6.4	8.2	Loamy sand	5.60	2.50	0.50	0.14	0.11	0.20	3.45	0.36	0.04	19.91
Sunti Profile 2					Batagi Series									
0-32	91.9	3.4	4.7	Sand	5.50	3.00	1.50	0.06	0.06	0.24	4.86	1.14	0.07	63.64
32-65	89.4	4.5	6.1	Loamy sand	5.90	2.00	0.25	0.03	0.03	0.16	2.47	0.48	0.04	44.16
65-100	93.8	2.0	4.2	Sand	5.90	1.75	0.50	0.02	0.02	0.16	2.45	0.26	0.04	35.93
100-162	93.8	2.0	4.2	Sand	6.00	1.00	1.25	0.03	0.02	0.20	2.50	1.17	0.04	35.50
Sunti Profile 3					Batagi Series									
0-15	92.8	2.5	4.7	Sand	6.10	3.00	1.25	0.22	0.17	0.20	4.84	1.07	0.04	56.28
15-37	93.9	2.2	3.9	Sand	6.10	2.25	0.75	0.20	0.15	0.20	3.55	0.59	0.04	52.38
37-54	93.9	2.2	3.9	Sand	6.30	1.50	0.75	0.16	0.13	0.22	3.26	0.19	0.04	45.89
54-117	93.4	2.2	4.4	Sand	6.40	2.00	0.75	0.10	0.09	0.24	2.66	0.21	0.04	34.63
117-154	92.8	3.3	3.9	Sand	6.40	1.00	1.00	0.09	0.07	0.24	2.40	0.12	0.04	29.44
Sunti Profile 4					Batagi Series									
0-18	38.8	34.3	26.9	Sandy clay loam	4.50	9.00	0.50	0.23	0.16	2.00	11.89	5.22	0.24	16.88
18-66	22.1	12.7	65.2	Clay	4.90	10.00	0.25	0.13	0.10	2.00	12.48	0.90	0.07	18.18
66-100	23.6	10.7	65.7	Clay	4.70	11.50	0.50	0.13	0.09	1.20	13.42	0.74	0.07	19.05
Sunti Profile 5					Batagi Series									
0-18	92.3	3.3	4.4	Sand	6.20	2.50	1.50	0.11	0.08	0.20	4.39	0.81	0.07	56.28
18-68	93.8	1.8	4.4	Sand	6.30	1.25	1.50	0.10	0.08	0.16	3.09	0.28	0.04	32.03
68-114	93.3	2.3	4.4	Sand	6.40	1.50	0.75	0.08	0.08	0.20	2.60	0.16	0.04	49.78
114-155	91.1	4.5	4.4	Sand	6.50	1.00	0.75	0.08	0.06	0.18	2.07	0.16	0.04	51.08

Pedónio Dois:

Este também tem as propriedades semelhantes às do pedon um. Por conseguinte, também é classificado como Typic Ustipsamment da Soil Taxonomy (Soil Survey Staff, 1992), e localmente como Batagi series

Pedões Três e Cinco:

Estes são semelhantes aos pedons um e dois acima referidos, pelo que são colocados na mesma classe taxonómica que os dois pedons.

<u>Pedon Quatro</u>:

Este pedon é argiloso com uma superfície franco-argilosa arenosa que se transforma em horizontes subsuperficiais argilosos. Os valores de CEEC são moderadamente elevados e o solo apresenta fissuras que podem atingir 5 a 6 mm de largura em partes do perfil. Este pedon é semelhante à série Bachigi descrita nas planícies aluviais do rio Kaduna pelo Ministério Federal dos Recursos Hídricos (1980), que também é ácida em todo o perfil (os valores de pH eram inferiores a 5,0). Os valores da percentagem de saturação de bases variaram entre 83,2 e 91,1 no perfil. Há evidências de aumento de argila e presença de horizonte argiloso no perfil. Este pedon é classificado como Ustropept Verticais da Soil Taxonomy (Soil Survey Staff, 1992). (O Mapa 2 apresenta a cobertura de cada um dos pedons no canavial sunti proposto).

CAPÍTULO 5

1.5 LEVANTAMENTO SEMI-DETALHADO E CLASSIFICAÇÃO DOS SOLOS DO CANAVIAL
PROPOSTO DE LAFIAGI

1.5.1.   Antecedentes

O atual canavial de Lafiagi não é suficientemente grande para fazer face à expansão planeada da empresa. Foi adquirida uma nova parcela de terreno, com cerca de 500 hectares, para permitir a expansão dos campos de cana-de-açúcar de Lafiagi. Este é um relatório do levantamento semi-detalhado do solo da nova parcela de terra em Lafiagi.

1.5.2.   Ambiente agro-climático da zona

1.5.3.   Localização

O terreno proposto para a empresa açucareira de Lafiagi é delimitado pelas latitudes 8o **0' 59,9" e 8o 0 '53"** N e pelas longitudes 5o **0' 19,7 "E e 5° 0' 21" E. O terreno situa-se a cerca de** 3 km a nordeste da cidade de Lafiagi (MAPA 3).

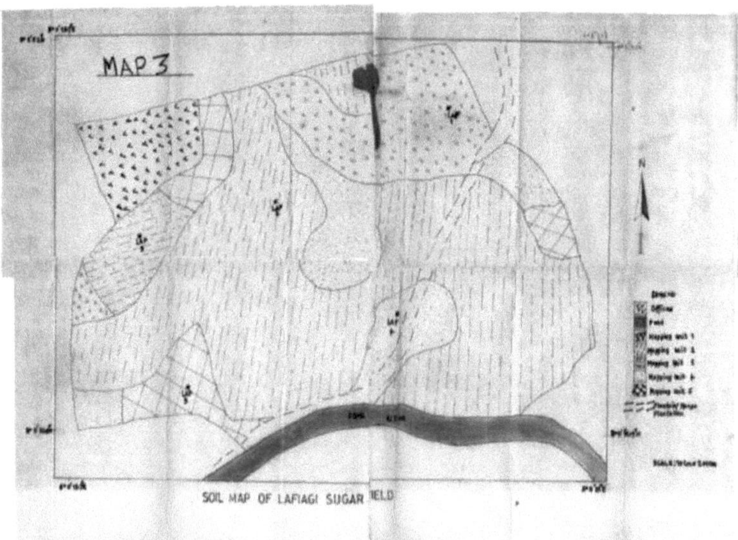

Mapa 3: **Mapa dos solos do canavial de Lafiagi**

1.5.4.   Clima:

Lafiagi está situada a sul do rio Níger e fica a cerca de 4 km a sul do rio Níger. Forma um triângulo com Bacita e Kusogi. Tanto Bacita como Lafiagi situam-se a sul do rio Níger. As condições climáticas descritas para Bacita são, por conseguinte, aplicáveis a Lafiagi (**Figura 3**).

1.5.5.   Geologia/Geomorfologia

Lafiagi situa-se na extensão sul do embayment do rio Níger, onde o arenito Nupe é a formação predominante. A descrição geológica/geomorfológica apresentada para Bacita é aplicável a Lafiagi.

1.5.6.   Vegetação:

Lafiagi insere-se na zona de savana do sul da Guiné, tal como Bacita e Kusogi. O tipo e o tamanho das árvores e arbustos encontrados em Bacita e descritos para Bacita são comuns em Lafiagi. A descrição da vegetação de Bacita poderia, por conseguinte, substituir a de Lafiagi.

1.5.7.   Metodologia

A metodologia utilizada para este projeto foi dividida em duas: O trabalho de campo e a análise laboratorial.

1.5.8.   Levantamento do solo Abordagem

O trabalho de campo começou com uma visita preliminar a Lafiagi, a sede administrativa da empresa açucareira Lafiagi. Durante a visita, foram identificadas as fontes de mão de obra, alojamento e outras logísticas.

O nível do inquérito era tal que um ponto de amostragem deveria representar dez hectares de terreno, ou seja, um inquérito semi-detalhado/detalhado (Paramananthan, 1991). Os transectos e as linhas de base seguiram o formato adotado para o levantamento do canavial de Sunti.

1.5.9.   Descrição das mini-poços e perfis de solo

Os mini-poços e os perfis de solo foram escavados e descritos utilizando o formato para os canaviais de Sunti. Foi também produzido um mapa de solos segundo o padrão dos canaviais de Sunti.

1.5.10.   Amostragem de perfis de solo

As amostras de solo foram recolhidas a partir do último horizonte de cada perfil e de forma sequencial. As amostras foram guardadas em sacos de pano bem etiquetados, para posterior processamento e análise laboratorial. No apêndice 3 são apresentados pormenores da descrição do perfil do solo para a empresa açucareira de Lafiagi proposta.

1.5.11.   Resultados

Características gerais dos solos dos canaviais de Lafiagi propostos

1.5.12.   Textura do solo (Quadro 16)

O perfil um tem uma textura superficial de areia argilosa pontuada por uma textura arenosa na parte intermédia. Esta textura transformou-se em franco-arenosa no último horizonte. Há evidências de truncamento no perfil, como se pode ver pela natureza e distribuição da textura. Este perfil é bem drenado.

O perfil tem uma textura franco-argilosa à superfície e a meio do perfil, que se transforma em textura argilosa no último horizonte. Este perfil é mal drenado. É semelhante à série Dadi (Acrisol Gleyic), descrita pelo Ministério Federal dos Recursos Hídricos (FMWR) (1980).

O perfil 3 tem uma textura superficial franco-arenosa, que se transforma em areia nos horizontes subsuperficiais. Trata-se de um perfil excessivamente drenado.

O perfil 4 tem uma textura superficial franco-arenosa que passou a franco-arenosa, franco-arenosa, areia e franco-arenosa, respetivamente, com a profundidade do perfil. Trata-se de um perfil seriamente truncado e moderadamente bem drenado.

O perfil 5 é semelhante ao perfil 4 e é corretamente descrito como o perfil 4 acima. O padrão de distribuição textural observado para os perfis 4 e 5 na área de Lafiagi é semelhante ao registado para as séries de linhas eléctricas (Eutric Fluvisol) pelo FMWR (1980).

Quadro 16: **Características gerais dos solos do campo de cana-de-açúcar de Lafiagi proposto**

Depth in cm	Sand (%)	Silt (%)	Clay (%)	Texture	pH (H_2O)	Ca C'- mol/kg	Mg C'- mo/kg	K C'- mol/kg	Na C'- Cmol kg^{-1}	Total Acidity C'- mol/kg	ECEC C'- mol/kg	O.M (%)	N (%)	P (mg/kg)
Lafiagi Profile 1														
0-15	79.4	13.6	7.0	Loamy sand	6.70	3.25	4.75	0.21	0.06	0.20	8.47	1.84	0.14	26.59
15-43	80.5	13.0	6.5	Loamy sand	6.80	2.75	3.25	0.15	0.06	0.16	6.37	0.74	0.11	21.27
43-74	86.6	8.9	4.5	Sand	7.10	2.75	0.75	0.06	0.03	0.18	3.02	0.17	0.07	18.96
74-100	84.8	8.7	6.5	Loamy sand	6.80	2.00	2.75	0.07	0.03	0.18	5.03	0.41	0.04	24.05
100-150	64.8	16.2	19.0	Sandy loam	6.60	3.50	2.00	0.08	0.02	0.20	5.80	0.90	0.04	21.73
Lafiagi Profile 2														
0-25	29.8	35.2	35.0	Clay loam	5.70	7.00	0.50	0.66	0.30	1.24	9.70	3.79	0.18	23.12
25-61	32.5	37.0	30.5	Clay loam	6.90	8.00	0.50	0.25	0.20	0.24	9.19	0.95	0.11	29.88
61-101	32.0	36.0	32.0	Clay loam	6.60	8.75	0.50	0.12	0.10	0.20	9.67	0.79	0.07	26.33
101-152	24.4	26.6	49.0	Clay	5.80	10.00	0.00	0.20	0.13	0.32	10.65	1.36	0.07	32.60
Lafiagi Profile 3														
0-25	60.9	24.1	15.0	Sandy loam	5.90	4.75	1.00	0.25	0.15	0.24	6.39	1.81	0.14	34.22
25-59	95.0	1.0	4.0	Sand	6.40	0.50	1.00	0.04	0.01	0.02	1.57	0.10	0.04	30.06
59-86	96.4	0.4	4.0	Sand	7.10	0.50	1.00	0.03	0.03	0.16	1.72	0.05	0.04	27.28
86-150	96.4	0.6	3.0	Sand	7.00	0.50	1.00	0.05	0.03	0.16	1.74	0.09	0.07	24.05
Lafiagi Profile 4														
0-33	64.4	26.6	9.0	Sandy loam	6.40	3.00	1.50	0.25	0.04	0.16	4.95	1.91	0.11	29.36
33-41	45.0	41.0	14.0	Loam	6.30	9.00	0.50	0.16	0.07	0.18	9.91	2.05	0.14	17.80
41-102	83.4	9.6	7.0	Loamy sand	6.70	2.00	1.25	0.07	0.01	0.24	3.57	0.41	0.07	32.37
102-120	89.1	5.5	5.4	Sand	6.90	2.50	0.50	0.07	0.02	0.24	3.33	0.24	0.04	34.22
120-170	72.1	16.5	11.4	Sandy loam	6.70	4.00	2.50	0.08	0.03	0.20	6.81	0.57	0.04	27.75
Lafiagi Profile 5														
0-19	40.6	36.5	22.9	Loam	5.60	9.00	0.25	0.25	0.18	0.28	9.96	2.76	0.14	26.59
19-55	56.6	25.5	17.9	Sandy loam	6.30	4.50	0.50	0.09	0.02	0.22	5.33	0.83	0.07	27.98
55-94	94.1	1.5	4.4	Sand	7.00	0.75	0.75	0.05	0.01	0.18	1.74	0.05	0.04	33.29
94-116	89.1	5.5	5.4	Sand	7.10	2.00	1.50	0.08	0.02	0.20	3.80	0.14	0.04	29.83
116-160	51.6	29.0	19.4	Loam	6.70	6.00	1.00	0.09	0.03	0.02	7.32	0.53	0.04	22.89

1.5.13.   Propriedades químicas do solo

1.5.14.   Reação do solo (quadro 16)

O perfil 1 tem uma reação neutra; o perfil 2 tem uma reação moderadamente ácida a neutra; o perfil 3 tem uma reação ligeiramente ácida a neutra, tal como o perfil 4, enquanto o perfil 5 tem uma reação moderadamente ácida a neutra. Nenhum dos cinco pedons apresenta o risco de toxicidade do alumínio.

1.5.15.   Catião permutável e acidez total:

Os sítios de troca do solo dos pedons 2, 4 e 5 são dominados pelo cálcio. Alguns horizontes dos pedregulhos 1 e 3 apresentaram uma inversão da observação anterior, com valores mais elevados de magnésio do que de cálcio. Os valores de cálcio e/ou magnésio são seguidos pelos valores de acidez total, potássio e sódio numa ordem decrescente, geralmente. Os valores da capacidade efectiva de troca catiónica (CEC) são muito baixos ou baixos nos cinco pedregulhos. A saturação de bases é, no entanto, elevada em todos os horizontes dos cinco pedregulhos.

1.5.16.   Teor de matéria orgânica e fósforo disponível:

A camada de arado de cada um dos cinco pedregulhos tem um teor médio de matéria orgânica quando avaliada pela classe textural. Isto é uma prova de que a matéria orgânica desempenha um papel significativo na libertação de nutrientes em cada um dos cinco pedregulhos. Nenhum dos horizontes dos cinco pedregulhos tem valores de fósforo disponível inferiores a 17,0 mg /kg de solo. Isso é indicativo de fósforo suficiente no solo, pelo menos para a primeira safra de cana-de-açúcar.

1.5.17.   Considerações de gestão

1.5.18.   Os solos extremamente arenosos:

Os pedons 1 e 3 (série Batagi) têm uma superfície franco-arenosa, passando a areia franca ou areia pura no horizonte sub-superficial. Esses pedons são bem drenados e podem não reter água suficiente quando o sistema de irrigação de superfície é usado. O sistema de irrigação por aspersão é ideal para a produção de cana-de-açúcar nesses pedons.

1.5.19.   Solos moderadamente bem drenados

Os pedons 4 e 5 (série Power-line) têm textura superficial franco-arenosa/argilosa, passando para areia ou argila no horizonte sub-superficial. Pela natureza da distribuição textural em cada um desses pedons, a retenção de água para uma produção adequada de cana-de-açúcar pode não ser um problema. Além disso, o risco de alagamento pode ser reduzido devido aos horizontes arenosos sub-superficiais subjacentes à superfície argilosa/argilosa. O sistema de irrigação por superfície ou por aspersão é ideal para a produção de cana-de-açúcar nesses pedons.

1.5.20.   O solo mal drenado:

O pedon dois (2), que tem texturas de argila na superfície e argila na subsuperfície, é obrigado a ser mal drenado. Este pedon é adequado para a produção de cana-de-açúcar se for possível assegurar a drenagem e o controlo das inundações. Este pedon tem uma reação moderadamente ácida a neutra e, portanto, não há risco de toxicidade do alumínio no solo.

1.5.21. Classificação dos solos de Lafiagi

Pedon um

O pedongo Lafiagi tem uma textura predominantemente franco-arenosa/arenosa. Os valores de CEEC variaram entre **3,02 e 8,47** C'-mol$^{(+)}$ kg^{-1} de solo no perfil. A área de Lafiagi situa-se no regime de humidade do solo ústico da Nigéria (Okoye **et al.,** 1983). A natureza arenosa com horizontes menos definidos tende a classificar estes pedregulhos como Ustipsamment Typic da Soil Taxonomy (Soil Survey Staff, 1992) e localmente como série Batagi.

Pedon Dois

Este pedon é argiloso com uma superfície franco-argilosa que se transformou num horizonte superficial argiloso. **Os valores de** CEEC **são baixos, com valores que variam entre 9,19 e 10,65** C'-mol$^{(+)}$ kg^{-1} de solo. Os valores da percentagem de saturação de bases variaram entre 87,2 e 97,9 no perfil. Há evidência de aumento de argila que se presume ter sido herdada do material de origem (de natureza deposicional). Este pedon foi avistado numa zona de retro-pântano, pelo que é recente. Este pedon é classificado como ustropept Vertic da taxonomia do solo (Soil Survey Staff, 1992) e Gleyic Acrisol da legenda do mapa mundial da FAO/UNESCO (FAO/UNESCO, 1988). É designada por série Dadi por ser semelhante à série Dadi de FMWR (1980).

Pedon Três

O pedon três é semelhante ao pedon um classificado acima. Por conseguinte, é classificado como ustipsamment Typic da Soil Taxonomy (Soil Survey Staff, 1992) e localmente como série Batagi.

Pedónio quatro

O pedregulho quatro tem uma textura superficial franco-arenosa/argilosa que passa a areia argilosa, areia e franco-arenosa com a profundidade do perfil. Há evidência de truncamento grave do perfil. Os valores de CEEC variaram **entre 3,33 e 9,91** C'-mol$^{(+)}$ kg^{-1} de solo no perfil. Este pedon tem uma percentagem elevada de saturação de bases em toda a profundidade do perfil. É classificado como Eutric Fluvisol da FAO/UNESCO, 1988). É chamado localmente de série Power-line, porque tem características semelhantes às da série Power-line descritas por FMWR (1980).

Pedon Cinco

O pedon 5 tem características semelhantes às do pedon 4. Por conseguinte, é classificado como o pedon quatro acima.

CAPÍTULO 6

1.6 GRAU DE COBERTURA DAS DIFERENTES UNIDADES DE MAPEAMENTO DE SOLOS NOS
CANAVIAIS DE BACITA, SUNTI E LAFIAGI.

A área total do campo da Bacita é de 5.600 hectares. Desse total, 2,29% são ocupados por solos arenosos e 2,17% por solos extremamente argilosos.

No mapeamento do campo de Sunti, a unidade 4, que é adequada para a produção de cana-de-açúcar, ocupa 13,6% do total de 500 ha de terra mapeada.

No mapeamento do campo de Lafiagi, a unidade 2, que é altamente adequada para a produção de cana-de-açúcar, ocupa 51,5% do total de 500 ha de terra mapeada (**Tabela 17**).

Tabela 17: **Cobertura total das diferentes unidades de mapeamento de solos.**

A. Bacita Sugarcane field

	Extremely	Sandy <u>Coverage</u>	<u>Percent of total</u>
1.	fields	128.46ha	2.29
2.	Extremely fields	clayey 121.74ha	2.17

B Sunti sugar field (Proposed)

		<u>Coverage</u>	<u>Percentage of Total</u>
1.	Mapping unit one	60.0 ha	12.0
2.	Mapping unit two	54.0 ha	10.8
3.	Mapping unit three	276.0 ha	55.2
4.	Mapping unit four	68.0 ha	13.6
5.	Mapping unit five	40.0 ha	8.0

C. Lafiagi sugarcane field

		<u>Coverage</u>	<u>Percentage of Total</u>
1.	Mapping unit one	76.5 ha	15.30
2.	Mapping unit two	257.5 ha	51.50
3.	Mapping unit three	24.0 ha	4.80
4.	Mapping unit four	91.0 ha	18.20
5.	Mapping unit five	48.5 ha	9.70

REFERÊNCIAS

Adegbite, K. e J.A. Ogunwale (1994). Morphological, chemical and mineralogical properties of the soil of Abugi, Nigeria, and their agricultural potentials, Pertanika J. Trop. Agric Sci. 17(3): 191-196.

Adeleye, D.R. (1975). The Geology of Middle Niger Basin, In "Geology of Nigeria". Editado por C.A Kogbe p283 -287.

Brady, N.C. e R.R. Weil (1999) "The nature and Properties of Soils". 12th Edition. Prentice Hall Inc.,Upper

Saddle River, New Jersey 07458 U.S.A. 881 pp.

Buoyoucos, J.G. (1962), Hydrometer method improved for making particle size analysis of soils. Argon J. 54: 464-465.

F.A.O. (1965). "Guideline, for Soil Profile Description". **Soil Survey** and Fertility Branch, Land Water Development Division, FAO, Roma.53pp.

Ministério Federal dos Recursos Hídricos (1980). Levantamento Semi-detalhado do Solo nas Planícies de Inundação do Rio Kaduna. 109pp.

Juo, A.S.R, S.A. Ayanlaja e J.A. Ogunwale (1976). Uma avaliação das medições da capacidade de troca catiónica para solos nos trópicos. Comunicação em Ciência do Solo e Análise de Plantas. 7(8): 751 -761.

Kowal, J.M. e D, T. Knabe (1972). Agroclimatological Atlas of the Northern States of Nigeria (Atlas Agroclimatológico dos Estados do Norte da Nigéria). Universidade Ahmadu Bello, Samaru, Zaria.

Marshall, T.J. e J.W. Holmes (1979). "Soil Physics". Cambridge University Press. Cambridge. 345pp.

Murphy, J. e J.P. Riley (1962). Um método de solução única modificado para a determinação de fósforo em águas naturais. Anal. Chim. Ata. 27: 31-36.

Nelson. D.W. e L.E. Sommers (1982). Carbono total, carbono orgânico e matéria orgânica. pp539- 579, In **"Methods of Soil Analysis". Parte 2. Segunda edição, ed. A.L. Page et al.** Agronomia Monografia 9. ASA e SSSA, Madison, WI.

Ogunwale J.A. e T.I. Ashaye (1975). Solos derivados de arenito de uma catena em Ipetu, Nigéria, The J. soil sci., 26(1): 22-31.

Ogunwale J.A. e J.B. Dixon (1979). Propriedades morfológicas, químicas e mineralógicas do **Karali de Gombe - um** solo vertisólico local Gana J. Agric. Sci. 10: 129-136.

Okoye, E.O.U., H. Huckle, G. Lekwa e F.A. Fapohunda (1983). Regimes de humidade do solo dos solos nigerianos. FDALR Tech. Bull. Kaduna. 14pp.

Paramananthan, S. (1991). Towards a Unified System of Soil Survey and Classifiction in Malaysia (Para um sistema unificado de levantamento e classificação do solo na Malásia). I. Escalas de levantamento do solo. Actas do Workshop sobre Desenvolvimentos Recentes na Génese e Classificação do Solo.p.107-112

Rich, C.I. e G.W. Kunze (1964). Mineralogia da argila do solo. Um simpósio. The University of North Carolina Press, Chapel Hill, North Carolina 27514, U.S.A.

Sanchez, P.A. (1976) "Properties and Management of Soils in the Tropics". John Wiley & Sons, Inc., Nova Iorque.

Skidmore, E.L. e N.P. Woodruff (1968). Wind erosion forces in the United States and their use in predicting soil loss. Agricultural Handbook 346 USDA, Washington D.C.

Soil Survey Staff (1975). "Soil Taxonomy", Soil Conservation Service.U.S. Dept. of Agriculture, Handbook No. 436, Washington D.C. 754pp.

Pessoal do Levantamento de Solos (1992). **"Keys to Soil Taxonomy" (Chaves para a taxonomia do solo). Monografia SMSS n.º 19, quinta edição, 541** pp.

Tinsley, J. (1970). "A Manual of Experiments for students of Soil Science", Universidade de Aberdeen, Escócia, Reino Unido. 128pp.

APÊNDICE

APÊNDICE 1

CANAVIAIS DE BACITA: DESCRIÇÃO DO PERFIL DO SOLO

SITE 1

1. CARACTERÍSTICAS DO SÍTIO
   a. Classificação
      i.   Taxonomia do solo
      ii. FA/UNESCO
      iii. Local:
   b. Localização: Campo de cana-de-açúcar da Bacita, Bacita: Campo N15.
   c. Data da descrição: 12 -01-2001
   d. Forma do terreno:
      i.   Posição fisiográfica :Encosta inferior
      ii. Forma da superfície do solo: Quase plana
      iii. Declive: 1% de inclinação
   e. Material de origem: Pântano de trás, Lama, Plano.
   f. Profundidade do lençol freático: >150cm
   g. Evidência de erosão do solo: Nulo
   h. Influência humana: São evidentes as marcas de actividades de cultivo anteriores.
   i. Utilização do solo/vegetação: pousio com arbustos e gramíneas.

2. DESCRIÇÃO DO PERFIL

   Horizonte

Designation	Depth (cm)	Description
Ap	0-15	Very dark grayish brown I OYR (3/2) (moist); Sandy clay loam; coarse sub-angular blocky firm dry; sticky wet; common coarse fibrous roots, strongly cemented; diffuse smooth boundary.
AC	15-42	Brown 10YR (5/3), moist, clay loam; coarse Sub-angular blocky; firm, dry, sticky wet, abundant fine roots; iron deposit along root channels; diffuse smooth boundary
C	4-120	Dark brown 10YR (5/2) moist; clay, Coarse sub-angular blocky; firm, dry, sticky wet, few fine roots, strongly cemented, common 10 YR 4/2 (moist) mottles.

SITE 2

1. CARACTERÍSTICAS DO SÍTIO
   a. Classificação
      i.   Taxonomia do solo

ii.   FAO/UNESCO

iii.   Local

b.   Localização: Campo de cana-de-açúcar da Bacita, Bacita: Campo C5.

c.   Data da descrição: 15-01-2001

d.   Forma do terreno:

i.   Posição fisiográfica: Baixa encosta

ii.   Forma da superfície do solo: plana

iii.   Declive Cerca de 0,5%

e.   Material de origem: Pântano de trás, Lama, Plano.

f.   Profundidade do lençol freático: >2 ,metro

g.   Evidência de erosão do solo: Nulo

h.   Influência humana: São evidentes os vestígios de actividades de cultivo anteriores

i.   Utilização do solo/vegetação: savana de prados.

2. DESCRIÇÃO DO PERFIL

Horizonte

Designation	Depth (cm)	Description
AP	0-24	Very dark grey 5YR{3/1} moist with yellowish red mottles; clay loam; Coarse sub-angular blocky; firm moist, plastic wet, common fine vesicular pores; cracks in the profile; diffuse smooth boundary
AB	24-80	Dark grey (2/2 moist with few medium 2.5 YR 4/8 yellowish mottles; clay; coarse sub-angular blocky; cracks within the horizon as continuation from the top horizon; firm moist, plastic **wet' few fine roots; diffuse smooth boundary**
BC	80-118	Dark brown 7.5 YR (3/2) moist with common coarse 10 YR ¾ yellowish brown mottles; clay; coarse sub-angular blocky structure; firm moist; plastic wet; slicken sides with clay coatings on pedon surface; cracks within the horizon.

SITE 3

1. CARACTERÍSTICAS DO SÍTIO

a.   Classificação

i.   Taxonomia do solo;

ii.   FAO/UNESCO

iii.   Local

b.   Localização: Campo W42, canavial da Bacita, Bacita.

c.   Data da descrição: 15-01-2001

d.   Forma do terreno:

i.   Posição fisiográfica: Baixa encosta

ii.   Forma da superfície do solo: Quase plana

      iii.   Iii Declive: 0.5-1%

   e. Material de origem: Depósito de areia (não consolidado)

   f. Profundidade do lençol freático: >280 cm.

   g. Evidência de erosão: Nula

   h. Influência humana: Pousio

   i. Utilização do solo/Vegetação: Pousio

2. DESCRIÇÃO DO PERFIL

Horizonte

Designation	Depth (cm)	Description
AP	0-20	Dark grey 5YR(3/3) moist; loamy sand; fine crumbs; loos dry and weakly friable moist; common fine fibrous roots; clear wavy boundary
A1	20-54	Dark brown 7.5 YR(4/4) moist; loamy sand; fine fibrous roots; clearly smooth boundary.
A2	54-103	Yellowish brown 10YR (5/8) moist; sand structureless; loose dry; diffuse smooth boundary.
AC	103-135	Blackish yellow 10YR (6/6) moist; sand; structureless; loose dry few fine /medium ferro-manganese nodules.

SITE 4

1. CARACTERÍSTICAS DO SÍTIO

   a. Classificação

      i.   Taxonomia do solo:

      ii. FAO/UNECO

      iii. Local:

   b. Localização: Campo W49, canavial da Bacita, Bacita c. Data da descrição: 15-01-2001

   d. Forma do terreno:

      i.   Posição fisiográfica: Encosta inferior

      ii. Forma da superfície do solo: côncava

      iii. Declive: 0.5-1.0%

   e. Material de origem: Depósito de areia não consolidada

   f. Profundidade do lençol freático: Desconhecida

   g. Evidência de erosão do solo: Nula

   h. Influência humana: Pousio

   i. Utilização do solo/ Vegetação: Pousio

j. DESCRIÇÃO DO PERFIL

Horizonte

Designation	Depth (cm)	Description
AP	0-24	Dark brown 10YR(3/4) moist; Loamy fine sand; fine crumb; weak friable moist, loose dry common fine fibrous roots; clear wavy boundary
A1	24-56	Brown 10 YR (4/4 moist; loamy sand; structureless; loose dry; few fine fibrous roots; Diffuse smooth boundary
A2	56-110	Yellowish brown 10 YR (5/6) moist sand; structureless; loose dry; few sericite flakes; few medium iron-manganese nodules; clear irregular boundary.
AC	110-145	Yellowish brown 10 YR95/6) moist; sand; structureless; loose dry; few medium iron-manganese nodules.

APÊNDICE II.

CANAVIAL DE SUNTI: DESCRIÇÃO DO PERFIL DO SOLO

SITE 1

1. CARACTERÍSTICAS DO SÍTIO

   a. Classificação

      i. Taxonomia do solo:

      ii. FAO

      iii. Local

   b. Localização: Campo proposto para a exploração agrícola Sunti Sugar.

   c. Data da descrição: 27-3-01

   d. Forma do terreno:

      i. Posição fisiográfica: Crista da encosta

      ii. Forma da superfície do solo: Quase plana

      iii. Inclinação do declive >2%

   e. Material de origem: Pedra de areia não consolidada

   f. Profundidade do lençol freático: >> 150cm

   g. Evidência de erosão do solo: Erosão ligeira em lençol.

   h. Influência humana: Cultivo

   i. Utilização do solo/Vegetação: Culturas arvenses

2. DESCRIÇÃO DO PERFIL

   Horizonte

Designation	Depth (cm)	Description
AP	0-14	Very dark greyish brown 10YR93/2) moist; sandy loam; medium sub-angular blocky; friable (moist); many fine roots; weakly cemented; Diffuse boundary
A2	14-33	Dark brown (10YR 3/3 (moist); loam fine sand; crumbs and medium sub-angular blocky; friable (moist); many fine roots way clear boundary

| A3 | 33-102 | Strong brown (7.5 YR 4/6); loamy fine sandy; crumbs; few roots, friable (moist); No concretions; Diffuse, smooth boundary. |
| AC | 102-150 | Strong brown (7.5 YR 5/6); loamy sand; crumbs and sub-angular blocky; friable (moist); common, medium yellowish red 5 R 5.6 mottles. |

SITE 2

1. CARACTERÍSTICAS DO SÍTIO

   a. Classificação

      i. Taxonomia do solo:

      ii. FAO

      iii. Local

   b. Localização: Campo proposto para a exploração agrícola Sunti Sugar.

   c. Data da descrição: 28-3-01

   d. Forma do terreno:

      i. Posição fisiográfica: Crista da encosta

      ii. Forma da superfície do solo: Declive suave para oeste

      iii. Inclinação do declive: <2%

   e. Material de origem: Pedra de areia não consolidada

   f. Profundidade do lençol freático: >> 162 cm

   g. Evidência de erosão do solo: Erosão ligeira em lençol

   h. Influência humana: Cultivo

   i. Utilização do solo/vegetação: Culturas arvenses

2. DESCRIÇÃO DO PERFIL

Horizonte

Designation	Depth (cm)	Description
AP	0-32	Very dark grey (10YR 3/1) moist, sandy loam, medium sub-angular, blocky, friable (moist), diffused boundary.
A2	32-65	Brown/Dark Brown (10YR 4/3) moist; loam sand; crumbs and medium sub-angular blocky, friable (moist); No concretions, few, coarse and woody roots, weakly cemented, Diffused boundary
A3	65-100	Yellowish brown (910YR 5/4) moist; loamy sand; crumbs and medium sub-angular blocky; weakly cemented; Diffused boundary
AC	100-162	Yellowish brown (10YR 5/8 (moist)); loamy sand; coarse sub-angular blocky; friable (moist); few medium woody roots; weakly cemented

SITE 3

1. CARACTERÍSTICAS DO SÍTIO

a. Classificação

    i. Taxonomia do solo:

    ii. FAO

    iii. Local

b. Localização: Campo da empresa Sunti Sugar.

c. Data da descrição: 27-3-02

d. Forma do terreno:

    1. Posição fisiográfica: Baixa encosta ii. Forma da superfície do solo: ligeiramente inclinada iii. Inclinação do declive: <2%

e. Material de origem: Pedra arenosa não consolidada f. Profundidade da água subterrânea: >> 154 cm

g. Evidência de erosão do solo: Erosão em lençol

h. Influência humana: Cultivo

i. Utilização do solo/vegetação: Culturas arvenses

2. DESCRIÇÃO DO PERFIL

Horizonte

Designation	Depth (cm)	Description
AP	0-15	Very dark grey (10YR3/2) moist, sandy loam, medium sub-angular, blocky, loose (moist); many fine fibrous and woody roots; Diffuse smooth; boundary.
A2	15-37	Brown/Dark Brown (10YR 4/3 moist); loam sand; crumbs and medium sub-angular blocky, friable (moist); No concretions, few, coarse and woody roots, weakly cemented. Diffused boundary
A3	37-54	Yellowish brown (910YR 5/4) moist; loamy sand; crumbs and medium sub-angular blocky; weakly cemented; Diffused boundary
AC	54-117	Yellowish brown (10YR 5/8) moist; loamy sand; coarse sub-angular blocky; friable (moist); few medium woody roots; weakly cemented
A2C	117-154	Blackish yellow (10 YR6/6, (moist); loamy, sand, no stones; crumbs; friable (moist), common coarse, yellowish red (5 YR5/8) mottles.

SITE 4

1. CARACTERÍSTICAS DO SÍTIO

a. Classificação

    i. Taxonomia do solo:

    ii. FAO

    iii. Local

b. Localização: Proposta de canavial de Sunti

c. Data da descrição: 27-3 -01

d. Forma do terreno; quase plano

    i. Posição fisiográfica: Planície aluvial.

     ii.   Forma da superfície do solo: Duro e fissurado (4-6 mm de largura)

     iii.   Inclinação do declive: <1%

  e. Material de origem: Xisto

  f. Profundidade do lençol freático: >100 cm.

  g. Evidência de erosão do solo: Erosão em lençol.

  h. Influência humana: Cultivo

     i.   Uso do solo/ Vegetação: Pousio com Cassia spinosae e Cynodon dactylon.

2. DESCRIÇÃO DO PERFIL

Horizonte

Designation	Depth (cm)	Description
AP	0-18	Very dark greyish brown 2.5YR 3/2 (moist) loam; No stone; coarse sub-angular blocky; Hard (dry); firm (moist); slightly sticky (wet); common, medium, fibrous roots; No concretions; wavy clear boundary.
B1	18-66	Greyish brown (2.5 YR 5/2 (moist)); sandy clay loam; No stones; most; very coarse sub-angular Blocky; slightly sticky (wet); firm (moist); many coarse and fine fibrous roots.
BC	66-100	Light Brownish grey (10 YR 6/2 (moist); clay loam; moist; very coarse columnar; fine Fe-Mn concretions; common coarse yellowish Red and Brown mottle.

SITE 5

1. CARACTERÍSTICAS DO SÍTIO

  a. Classificação

     i.   Taxonomia do solo:

     ii.   FAO

     iii. Local

  b. Localização: Proposta de cana-de-açúcar Sunti.

  c. Data da descrição: 28-3-01

  d. Forma do terreno

     i.   Posição fisiográfica: Declive médio.

     ii.   Forma da superfície do solo: Quase plana

     iii. Inclinação do declive: <2%

  e. Material de origem: Arenito não consolidado.

  f. Profundidade do lençol freático: > 155cm

  g. Evidência de erosão do solo: Erosão em lençol

  h. Influência humana: Cultivo

  i. Utilização do solo/ Vegetação: Culturas arvenses.

2. DESCRIÇÃO DO PERFIL

Horizonte

Designation	Depth (cm)	Description
AP	0-18	Very dark grey (10YR(3/1) moist, sandy loam, coarse sub-angular blocky; friable (moist); common. Medium fibrous roots; clear wavy boundary.
A2	15-37	Dark yellowish Brown (10YR 4/6 (moist)); Loamy fine sand, crumbs and coarse sub-angular blocky; friable (moist); few fibrous, many woody roots; Difuse boundary
A3	37-54	Yellowish brown (10YR 5/6) moist; loamy fine sand; crumbs friable (moist; few fibrous, few woody roots; clear irregular boundary.
AC	54-117	Blacky; yellow (10 YR 6/6 (moist)) fine sand sub-angular blocky; friable (moist); very few woody roots, common, medium strong brown (7.5 YR 5/6) mottles.

APÊNDICE III

PERFIL DE LAFIAGI

SITE I

1. CARACTERÍSTICAS DO SÍTIO

    a. Classificação

        i. Taxonomia do solo:

        ii. FAO

        iii. Local

    b. Localização: fazenda de cana-de-açúcar Lafiagi

    c. Data da descrição: 22-04-02

    d. Forma do terreno.

        i. Posição fisiográfica: Encosta inferior.

        ii. Forma da superfície do solo: Plano

        iii. Inclinação do declive: suave

    e. Material de origem: Pedra de areia

    f. Profundidade do lençol freático: inferior a 150 cm

    g. Evidência de erosão do solo: Nula

    h. Influência humana: Cultivo

    i. Utilização do solo/Vegetação: Pousio

2. DESCRIÇÃO DO PERFIL

Horizonte

Designation	Depth (cm)	Description
AP	0-15	Very dark grey 10YR(3/1) moist, sand; loam, medium sub-angular blacky; friable (moist) non- sticky (wet; many fine roots; weakly cemented; clear way boundary.
A2	15-43	light brown (7.5 YR 6/4) (moist) non-sticky (wet) many fine roots; weakly cemented; clear wavy boundary

B1	43-74	Very pale brown (10 YR 7/3) (moist); sand; crumbs; loose moist and wet);No roots; clear boundary.
B2	74-100	Brown (10YR (5/3) moist; sandy; clay loam; coarse dark brown mottles (7.5 YR 4/4); firm (moist); slightly sticky (wet); strongly cemented; diffuse clear boundary
B3	100-150	Black 5YR(2.5/1 moist); sandy clay; coarse dark brown mottles (7.5 YR 4/4) mottles; coarse sub-angular blocky; firm (moist), very sticky

SITE 2

1. CARACTERÍSTICAS DO SÍTIO

    a. Classificação

        i.   Taxonomia do solo:

        ii. FAO

        iii. Local

    b. Localização: Campo da empresa açucareira Lafiagi, Lafiagi.

    c. Data da descrição: 23-04-02

    d. Forma do terreno:

        i.   Posição fisiográfica: Encosta inferior.

        ii. Forma da superfície do solo: Plano

        iii. Inclinação do declive: suave (<1%)

    e. Material de origem: Pedra de areia

    f. Profundidade do lençol freático: inferior a 150 cm

    g. Evidência de erosão do solo: Nula

    h. Influência humana: Cultivo

    i. Utilização do solo/Vegetação: Pousio

2. DESCRIÇÃO DO PERFIL

Horizonte

Designation	Depth (cm)	Description
AP	0-25	Black (7.5 YR(2/0) moist; Sandy clay loam; brown (7.5 YR 5/4) coarse mottles; coarse sub-angular blocky; many fine and coarse roots; firm moist), slightly sticky (wet); common Fe-Mn concretions; smooth diffuse boundary.
B1	25-61	Dark brown 7.5YR (4/4(moist);sandy clay loam; coarse; pinkish grey (7.5 YR 7/2) mottles; medium sub-angular blocky; few roots; firm (moist); sticky (wet); common Fe-Mn concretions; smooth and diffuse boundary.
B2	61-101	Reddish grey (5 YR5/2)(moist); Loamy clay; coarse dark Brown (7.5 YR4/4) mottles; coarse prismatic, Extremely firm (moist); very sticky (wet); No root; Diffuse smooth boundary
B3	101-152	Very dark grayish (10YR 3/2)(moist); clay; coarse red (2.5 YR5/6) mottles; prismatic, extremely firm (moist); very sticky (wet).

SITE 3

1. CARACTERÍSTICAS DO SÍTIO
    a. Classificação
        i. Taxonomia do solo:
        ii. FAO
        iii. Local
    b. Localização: Campo da empresa açucareira Lafiagi, Lafiagi.
    c. Data da descrição: 23-04-02
    d. Forma do terreno:
        i. Posição fisiográfica: Encosta inferior.
        ii. Forma da superfície do solo: Reta
        iii. Inclinação do declive: suave (<1%)
    e. Material de origem: Pedra de areia
    f. Profundidade do lençol freático: inferior a 150 cm
    g. Evidência de erosão do solo: Nula
    h. Influência humana: Cultivo
    i. Uso da terra/vegetação: Plantação de cana-de-açúcar
2. DESCRIÇÃO DO PERFIL

Horizonte

Designation	Depth (cm)	Description
AP	0-25	Very dark grayish brown (Dark brown (7.5 YR 4/2)) (moist); loam; sand;crumbs; common coarse pores; common fine roots; friable (moist), non-sticky (wet); weakly cemented diffuse clear boundary.
B1	25-59	Strong brown (7.5 YR 5/6) (moist); sand; Granular, common fine roots; friable (moist), Non-sticky (wet); weakly cemented; diffuse clear boundary.
B2	59-86	Brwonish yellow (10 YR 6/6) (moist); sand; Granular; Friable (moist), Non sticky (wet); weakly cemented; diffuse clear boundary.
B3	86-150	Yellowish brown (10YR 5/6) (moist); sand; Granular, loose (moist), Non-sticky; weakly cemented.

SITE 4

1. CARACTERÍSTICAS DO SÍTIO
    a. Classificação
        i. Taxonomia do solo:
        ii. FAO
        iii. Local
    b. Localização: Campo da empresa açucareira Lafiagi, Lafiagi.
    c. Data da descrição: 24-04-02

d. Forma do terreno:

  i. Posição fisiográfica: Encosta inferior.

  ii. Forma da superfície do solo: Reta

  iii. Inclinação do declive: suave (<1%)

e. Material de origem: Pedra de areia

f. Profundidade do lençol freático: inferior a 170 cm

g. Evidência de erosão do solo: Nula

h. Influência humana: Cultivo

i. Utilização do solo/Vegetação: Pousio

2. Descrição do PROOFILE

Horizonte

Designation	Depth (cm)	Description
AP	0-25	Very dark grayish brown (10YR 3/4) (moist); sandy clay loam; coarse sub-angular blocky; firm (moist) slightly sticky(wet); common fine fibrous roots; strongly cemented; diffuse clear boundary.
A2	33-41	Dark brown (7.5YR 6/4) (moist)); sandy clay loam; coarse sub-angular blocky; firm (moist) slightly sticky (wet); few fine roots ;strongly cemented; diffuse clear boundary
B1	41-102	Light brown (7.5 YR 6/4) (moist); silty loam; coarse sub-angular blocky; Friable (moist); few fine roots; weakly cemented; diffuse clear boundary.
B2	102-120	Lightly Yellowish brown (10YR6/4) (moist; sandy loam fine sub-angular blocky; loose (moist); weakly cemented;
B3	120 -170	Dark yellowish brown (10 YR4/6) fine sand, fine sub-angular blocky, loose (moist); weekly cemented

SITE 5

1. CARACTERÍSTICAS DO SÍTIO

  a. Classificação

    i. Taxonomia do solo:

    ii. FAO

    iii. Local

  b. Localização: Campo da empresa açucareira Lafiagi, Lafiagi.

  c. Data da descrição: 24-04-02

  d. Forma do terreno:

    i. Posição fisiográfica: Encosta inferior.

    ii. Forma da superfície do solo: Plano

    iii. Inclinação do declive: Suave (<1%)

  e. Material de origem: Areia-pedra

  f. Profundidade do lençol freático: inferior a 160 cm

g. Evidência de erosão do solo: Nula

h. Influência humana: Cultivo

i. Utilização do solo/Vegetação: Pousio

2. DESCRIÇÃO DO PERFIL

Horizonte

designation	Depth (cm)	Description
AP	0-19	Very dark grayish brown (10YR 3/2) (moist), sandy clay loam; coarse sub blocky; form (moist); slightly sticky (wet); many fibrous roots; strongly cemented; diffuse clear boundary.
A2	19-55	Dark brown (7.5 YR 6/2) mottle; medium sub-angular blocky; firm (moist), slightly sticky (wet); few fibrous roots; may Fe-Mn concretions; strongly cemented; abrupt clear boundary.
B1	55-94	Yellowish red (7.5 YR 4/6) (moist); Loamy sand; many fine pinkish gray (7.5 YR 6/2) mottles; Granular; loose (moist), weakly cemented, abrupt clear boundary.
B2	94-116	Dark brown (7.5 YR 4/4) (moist); silty loam; fine sub-angular blocky; loose (moist); weakly cemented; abrupt clear boundary.
B3	116-160	Dark grey (10YR4/1) (moist); sandy clay; sub-angular blocky; very firm (moist); sticky (wet); strongly cemented.

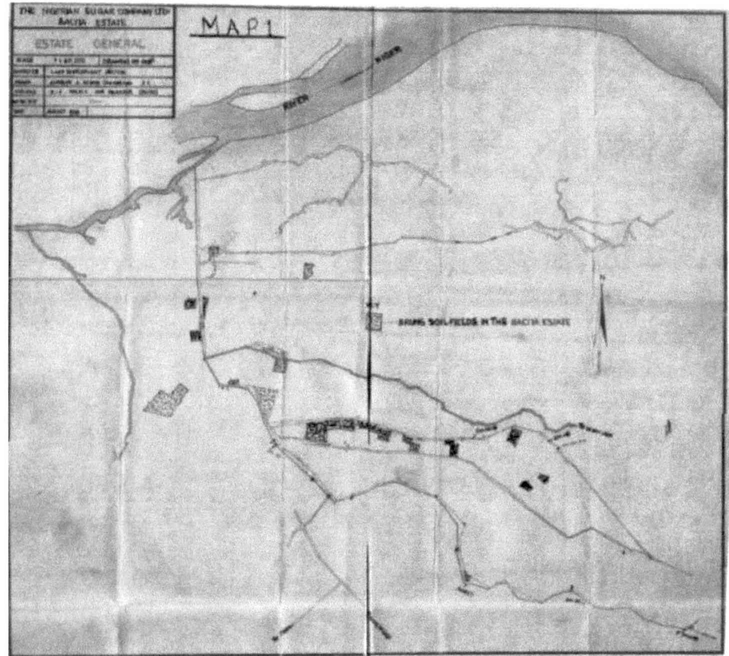

MAPA 1: A COMPANHIA AÇUCAREIRA NIGERIANA LTD. PROPRIEDADE DE BACITA

Printed by Books on Demand GmbH, Norderstedt / Germany